走りの追求
R32スカイラインGT-Rの開発

伊藤修令

グランプリ出版

序　スカイラインにかける想い

本書の刊行にあたり、読者の方々に向けて著者の伊藤修令氏にスカイラインについて、特にR32に対する想いなどを語っていただいた。

グランプリ出版 編集部

————プリンスに入社し、櫻井眞一郎さんの愛弟子としてスカイラインにずっとかかわってこられた伊藤さんが主管としてR32を担当し、1989年にGT-Rを復活させました。まず、スカイライン、櫻井さんと伊藤さんのかかわりを。

伊藤　本書でも述べているが、ぼくは大学で機械工学を学び、プリンス自動車の前身である富士精密工業に入社した。配属されたのは、シャシー設計課のサスペンショングループで、その親玉が櫻井さんだった。入ったその日から製図の練習をさせられるなど、徹底的に鍛えられた。櫻井さんは2代目スカイラインから7代目スカイラインを担当し、ぼくはその下でスカイラインとも関わってきた。また日本グランプリで活躍したレース車両の開発にも参加し、S54Bの設計にも従事した。スカイラインの開発では6代目のR30（1981年発売）の時は半年先行していたローレルの担当として両車のシャシーの基本設計を担当した。そのあとは日産が当時、開発に力を入れていたFF車のプレーリーとマーチの担当となったのだが、1984年の暮れ、7代目のR31開発がほとんど終わった時に櫻井さんが倒れてしまった。そのため、ぼくに急きょ、後任の主管をやれ、とお鉢が回ってきた。

　スカイラインに憧れ、プリンスに入ったのだけれど、スカイラインといえば櫻井さんのイメージが定着しており、そのあとを自分がやるともやりたいとも思っていなかった。櫻井さんの後をやるということは読売ジャイアンツの監督をやるようなものだとも思った。ものすごく期待され、勝って当たり前と思われる。スカイラインという車はプリンスが日産と合併して以来、「連れ子」のようなもので、そういう中で生きていく苦しさみたいなものがあるとぼくは感じていた。スカイラインをやりたいという人はいっぱいいたと思うけれど、そういう人がスカイラインのことをよく勉強しないまま引き受けてしまって、スカイラインの本質

4代目C31ローレル。ホイールベースは2670mm
でR30スカイラインより55mm長い。1980年11
月発売。

6代目R30スカイライン。写真は2ドアハードトップ
2000ターボGT-E・S。1981年8月発売。

がどこかへ行ってしまうとまずいと思い、主管の人事を受けることにした。

———引き受けた時、R31はすでにほぼ完成した時期でした。

伊藤 ぼくが主管を受けたのはR31導入の最終段階である運輸省届け出の直前だったので、
この時はもはやなすすべはほとんどなかった。そこで8月の発売直後から自分が考えるスカ
イラインの本質に少しでも近づけるべくR31のマイナーチェンジ作業に着手し、RBエンジン
の改良を進めるとともに、2ドアモデルの開発を急いだ。2ドアモデルは当初計画では、
GT-Rのエンブレムを付けることになっているのを知って、「GT-Rというのはそう気安く出
すクルマではない。4ドアモデルと車重もそれほど変わらず、エンジン出力も変わらないク
ルマがGT-Rを名乗ったらかえって評判を落とすだけだ」と考え、GT-Rのエンブレムは外
し、軽量化やデザインの変更でスポーツカーらしさを持たせた2ドアクーペを仕上げた。

———R31の評価は芳しいものではなかったようですね。

伊藤 発売前から厳しい声が聞こえてきた。日産の内外からは、今度のスカイラインは当時
のライバル車のトヨタ・マークⅡみたいになってスカイラインらしくないではないかと。ク
ルマとしては決して悪くなかったのだが……。8月の発売後も自動車ジャーナリストやお客
様、スカイラインの長年のファンから同じようにスカイラインらしくないという厳しい声を
いただいた。僕自身もそう思い、次のモデルはスカイラインらしいスカイラインにしなけれ
ばならないと決意した。そこでR31発売直後から11月までの3カ月間徹底的に市場調査をや
り、そのうえで次期スカイラインR32の計画に着手することにした。とはいえ、入社以来ず

っとスカイラインをやってきて、スカイラインはどうあるべきかについては僕自身の中には
すでにあった。

———伊藤さんにとってのあるべきスカイライン像、つまりこれから手がけるＲ32のコンセ
プト、目指すべき姿とは。

伊藤　スカイラインらしいスカイラインとはコンパクトにしてシンプル、そして走りがいい
ことに尽きる。欧州の高性能車に負けない走りのクルマだ。第二世代のスカイラインを強烈
にイメージさせるため、スポーツカー感覚を強め、豪華さやゆとりはもういらないと。スカ
イラインは時代の要請もあって新しくなるたびに豪華になり、新しい装置を取り込んできた。
特にR31には6連装カセットステレオや雨滴感知オートワイパー、カード式ドア開錠装置な
ど当時の最新装置が盛りだくさんだった。しかし発売した時、スカイラインファンから「そ
うしたものはどうでもいいから、エンジンがもっと回ること、もっと走行性能を高めてほし
い」といった声がたくさん寄せられた。そうしたことからR32では、「走りのスカイライン」
のイメージを再構築して人気車種に復活させること、最新のエンジンと足回りを採用し、欧
州の高性能車を凌駕するスカイラインにすることが主管である私の使命であると決心した。

———おっしゃる通り、エンジンや足回りは一新しました。

伊藤　根本的に飛躍するところは飛躍しなければならない。実は四輪独立懸架はハコスカ（3
代目、C10）の時にぼくが設計したものが踏襲され、ずっと使われてきた。これにちょっと
手を入れ改良しただけでは芸がない。足回りを新設計し、エンジンもこれぞ！というものを
搭載して、世界でトップの走行性能にして初めて「走りのスカイラインの復活」と誇れる。
見る人も買う人も納得してくれる。そこでシャシー設計部隊には足回りは最新のものにしよ
うと持ち掛け、リアはすでに発表されていたマルチリンクを採用することに加え、フロント
には新しいダブルウイッシュボーンを採用しようと提案したら最初は断られてしまった。基
礎研究を行なう追浜の中央研究所で新しい足回りをやっていることは漏れ聞いていたが、R32
の基本構想を決定する直前のある日、サスの模型を持って説明に来た。それがマルチリンク
式フロントサスペンションだった。これにより、四輪マルチリンクという世界で初めてのシ
ャシーを搭載できることになった。一方、RBエンジンはR31に初めて搭載した時は高速回転
域のレスポンスがいまいちの評価だった。基本設計は優れていたが、吸気系をマイナーチェ
ンジの時に大幅に改良し、出力、レスポンスを向上させることに成功、さらにR32に搭載す
るにあたって、軸受けにボールベアリングを使ったハイフローセラミックターボやエアロダ
イナミックポート（ADポート）などを採用してさらに磨きをかけた。

———世界一の走行性能を目指す伊藤さんと同じ目標を立てていた901活動が呼応して走りのスカイライン復活をけん引しました。

伊藤　当時、英国工場が稼働し、欧州市場に打って出ようという中で、欧州でも評価されるクルマ、アウトバーンを安心して走れるクルマにしなければならないということで、「1990年に世界一を目指す」という「901活動」をシャシー設計・実験部門が提起した。その動きがR32の開発と呼応し、総合プロジェクトとして動き出した。それまでの日産はよく言われるように官僚的で、職位の階段が高く、上位職をとび越えて、例えば主任が課長と話をする機会はまずなかった。久米豊社長が1985年に就任してこうした社風を改革しようと旗を振っていた。開発部門のNTC（日産テクニカルセンター）でも上司だけ見て仕事をする"ひらめ人間"や責任を他に押し付ける"ほうき人間"を追放しようという機運が生まれていた。こうした中でR32の開発でも改革を実行しようとした。例えばエンジンはエンジン設計、シャシーはシャシー設計、車体は車体設計というこれまで厳然としてあった部門間の垣根を取り払い、お互いの部門に口を出そうと仕向けた。「シャシー屋もデザインのことに口を出せ」、「エンジンの開発者もシャシーの勉強をして文句を言え」、「こんなエンジンではせっかくいい足回りを作っても宝の持ち腐れだ」などそれぞれが専門性にとじ込もらず、本音でものを言うように促した。また当時、高卒の技能員であるテストドライバーの地位は低かった。テストドライバーはテストデータや数値を大卒の技術員にわたすだけ。評価するのはデータを解析する技術員だった。自分たちの感じたことや、もっとこうしたら、という思いを言葉として発することができなかった。これでは感性を重視した走りの追求などできるわけがない。残念ながらこれが当時の日産の伝統だった。こうしたヒエラルキーでなく、全員野球でやろうよ、技術員、技能員に上下はないと言って、テストドライバーに声を挙げさせ、その意見を大事にした。そうした活動を続けるうち、はじめはできない言い訳ばかりだったのが、できるためにはどうしたらいいか考え、首を縦に振ろうとしない自らの部門長を説得するようになった。そしてみなが「走りのスカイラインの復活」「客の喜ぶものを本音で作ろう」という

「901活動」の成果が盛り込まれて開発された初代P10プリメーラ。1990年2月発売。FFだが走りの評価は高かった。

1990年2月、翌月のデビュー戦を前にテスト走行をする2台のR32スカイラインGT-R。左がカルソニック号で右がリーボック号。

共通の目標に向かって進むようになった。こうしたやり方は実はプリンス流ともいえる。とくにプリンス時代からの大先輩である田中次郎さん（日産自動車専務取締役）は誰とでも分け隔てなく口をきき、耳を傾けていたものだ。その田中さんのやっていたことをR32開発で復活させた。901活動の同窓会が30年以上経った今でも毎年開かれているが、みな「あの頃は楽しかった」と振り返っている。

———R31では伊藤さん自身があえて"封印"したGT-RをR32で復活させました。そしてニュルブルクリンクを走ることになります。

伊藤　GT-Rはレースに勝ってこそ名乗れる。櫻井さんの後を継ぎ、途中から主管になったR31ではGT-Rを2ドアクーペに冠する計画があったが、先に述べた通りこれをやめてGTSとし、GT-Rのエンブレムは次のモデルで復活させようと心秘かに決意していた。「走りのスカイライン復活」にはイメージリーダーであるGT-Rは不可欠で、いま自分がやらなければ永遠に誰もできないとの思いで、取り組んだ。当時のライバルの記録からレース仕様車の目標タイムを決め、エンジンも2.6リットルでの出力目標を500馬力以上に設定した。そうなる

と２輪駆動では持たないという話になって、４輪駆動を検討することになった。４駆は重くなるし、アンダーステアや故障の可能性が増えると悩んでいたら、中央研究所で新しい４駆（アテーサETS）をやっているから、乗ってみてという話が来て、試作車に乗ってみると操縦性能がとてもよかった。開発中にはトルク配分をする多板クラッチの耐久性が課題となったが、これもクリアでき、採用することにした。これを受けて901活動の掲げた"世界一"を証明するため、ニュルで走ろうということになった。最終仕上げのつもりで走ったら、半周もしないうちに走れなくなり、問題点がたくさん持ち上がった。これらを現地にいるスタッフが現地で解決し、半年後には目標タイムを出すことができた。皆が一つの目標に向かって力を合わせた結果だったと思う。

―――最後に伊藤さんにとってスカイラインとは、そしてR32とは。

伊藤　1959年にプリンス自動車の前身の富士精密工業に初代のスカイラインに憧れて入社した。当時の国産車といえば丸っこいダルマのようなクルマばかりだった。そこに直線基調のアメリカンスタイルの恰好良いスカイラインが登場した。こんなクルマを日本でも作れるのかと驚いたものだった。そしてこんなクルマを作ることに自分も関わりたい。皆に感動してもらえるクルマ、見て、乗って幸せだと思えるようなクルマを作りたい、と入社以来ずっと仕事に取り組んできた。自動車会社も企業であるから儲けは大事だ。しかし皆さんに喜んでもらい満足してもらえる商品をつくり提供することがその前提であり、もうけは結果だ。そして常に進化すること、性能、品質を高めコストを下げることがクルマづくりにとって大事であることを中川良一さん（中島飛行機でエンジン設計に携わったプリンスの大先輩。日産自動車専務）に教わり、それが心の中で生き続けている。これがスカイラインにずっと携わることができた理由であり、R32とGT-Rを完成させることができた核心だと考えている。中川さんだけでなく田中次郎さんそして櫻井眞一郎さんに厳しく教えられ、叩き込まれた。しかし、言われたことを忠実にやるのでなく、自分の頭で考え、咀嚼して形にしていくことを教わった。それにより、スカイラインのあるべき姿をR32に込めることができたと思う。

◇

　本書は、ここで述べたスカイラインのあるべき姿を取り戻すべく、皆の協力のもとにR32スカイラインの開発に取り組んだ記録である。開発にあたっては明確なコンセプト、目標、周囲の説得や協力などが不可欠であった。こうして誕生したR32スカイラインのことを少しでも多くの人に知ってもらえたら本望だ。

目次

第1章 スカイラインに憧れプリンスで学ぶ

1–1. スカイラインの存在が私の人生を決めた

　R32スカイラインが誕生したのは1989年(平成元年)5月であるが、いまだに多くの方から名車として支持されている。このような魅力的なクルマがどうして出来たのか、GT-Rはどうやって復活させたのか、今でも聞かれることが多い。そして、歴代のスカイラインに対して熱烈な多くのファンがいることが大変うれしい。これは、私の仕事を支えてくれることになり、そのスカイラインの開発に携わったことが私の誇りであり、エンジニアとしてとても幸せであったと思っている。

■スカイラインと私

　私自身も、学生時代、初代スカイライン(ALSI)にあこがれてファンになり、スカイラインをつくる自動車メーカーに入った。最初からスカイラインは、他のメーカーがつくるクルマとは違うものであった。

　まずは、サポーターやアシスタントとしてスカイラインとの関係を深め、さらに、マネージャー、そして開発をリードするエンジニアとなって歴代のスカイラインを見てきた。その間、スカイラインはいろいろなことを私に教えてくれた。大きな夢や素晴らしい感動、幾多の試練も与えてくれた。そして、多くの人との出会いをつくってくれて、私の人生を有意義なものにしてくれた。私にとって、スカイラインは単なるクルマではなく、かけがえのない人生の友なのだ。

　スカイラインは、プリンスの星として生まれたときから、先進性と高性能で走る

凛とした佇まいのスカイラインは、
そのメカニズムも国産車のなかでは
先進的で、憧れのクルマだった。とく
に上の二つ目のデラックスが気に
入っていた。左は同じく初代スカイ
ラインスタンダード。

楽しさを追求し、多くの人々の期待に応え感動を与えてきたクルマである。常に日本の自動車をリードしながら、多くの熱烈な愛好者に支えられて栄光と輝かしい伝統を築いてきた。しかし、長い歴史の中で苦難の道のりを乗り越えて必死に期待に応えなければならない時期もあった。その時どきのスカイラインの思いを私は忘れない。

　1964年の日本グランプリレースで誕生したS54で高性能スカGがスカイラインのイメージを最初につくり、ハコスカGC10で名車に成長して花が咲き、ケンメリGC110で成熟した実をつけて、小型上級車のベストセラーになった。

●歴代スカイラインの特徴

年　　月	車　名		発売当初の社名	排気量(cc)	型式名	備　　考
1957年4月	初代スカイライン		富士精密	1500	ALSI	プリンス号のモデルチェンジとして
1963年9月	スカイライン1500		プリンス自動車	〃	S50D	ファミリーカーとして。メンテナンスフリー
1965年2月	スカイライン2000GT-B		〃	2000	S54B	直列6気筒搭載車、レースで生まれたクルマ
1968年8月	スカイライン	（3代目）	日産自動車	1500〜2000	C10	2000GTは68年10月、2000GT-R（PGC10）は69年2月発売
1972年9月	〃	（4代目）	〃	1600〜2000	C110	GT-Rは限定生産、途中で生産中止
1977年8月	〃	（5代目）	〃	〃	C210	L20型EGI仕様に、80年ターボGT追加
1981年8月	〃	（6代目）	〃	1800〜2000	R30	83年2月FJ20ターボ追加
1985年8月	〃	（7代目）	〃	〃	R31	RBエンジン搭載、86年5月クーペ追加
1989年5月	〃	（8代目）	〃	1800〜2600	R32	GT-R復活、93年2月Vスペック追加
1993年8月	〃	（9代目）	〃	2000〜2600	R33	95年1月4代目GT-R（BCNR33型）発売
1998年5月	〃	（10代目）	〃	〃	R34	99年1月5代目GT-R発売
2001年6月	〃	（11代目）	〃	2500〜3000	V35	V型6気筒VQエンジン搭載

　排気ガス対策やトヨタの追跡によって、5代目GC210の後半頃から勢いが衰えはじめた。商品も人生と同様に、「誕生、成長、成熟、衰退」のサイクルがあると思う。このサイクルを長く持続させるのが難しい。マンネリ化せず、時代に合った進化(脱皮)をしなければならないし、競合車に惑わされてコンセプトがフラフラして迷走してもいけない。

　8代目R32＆GT-Rは、プリンス時代からスカイラインと付き合い、長年自動車の設計開発に携わってきた私が、新世代のスカイラインとして先進性と高性能で走りの楽しさを追求したスカイラインらしさを存分に発揮して、多くの熱烈なファンの期待に応え、羽ばたき、輝いてもらいたいとの思いを込めて誕生させた。

　そこには、多くの関係者のスカイラインに対する思い入れと、高い目標にチャレンジする情熱、そして大変な努力、強力な支援があったのは言うまでもない。

　商品の説明やスペック＆データなどは既にいろいろな本などで語られている。そこで、私とスカイラインの関わりや、歴代スカイラインが歩んできた道のりに触れながら、R32をどうしてあのようなクルマにしたのか、どうしてGT-Rを復活させたのかなど、主として開発の狙いやその背景、開発の経緯などについて、出来るだけ詳細に記述することにしたい。

■プリンス自動車で学んだこと

　社会や組織の中で自分に課せられた仕事を果たすには、自分のことをよく知ることが大切であろう。長所、短所、強みだけでなく、弱みを知り、自分が置かれた状況の中で、どうすれば持っている能力を目いっぱい引き出すことができるか考えることだと思う。そして、自分の短所や弱みを補う努力は必要であるが、なによりも長所や強みを伸ばすことが大切であろう。長年自動車の開発業務に従事するなかで、私はこうありたいという願望も含めて、以下の自己認識でことに当たってきた。

　誠実、公正、責任感、自立心、協調性を重んじ忍耐力に富む。正々堂々を目指す。

　秘めた闘志はあるが、リーダーとして皆を纏めて強引に事を進める馬力はなく勝負師ではない。控え目でリーダーよりアシスタント向き。

　正しいと思ったこと、やるべきことはじっくり考えて奇策に走らず正面から取り組み、周りの意見も聞きながら結果を予測しつつ自力で粘り強くやり遂げるタイプ。

　大きな組織力を発揮させるためには、強力な機関車で引っ張る列車型より、動力車両を連結した電車、新幹線方式の組織運営を理想とする。

| | 1947.6 | 1949.11 | 1951.11 | 1952.11 | | 1954.4 | 1961.2 | |
|立川飛行機| →東京電気自動車→ | たま電気自動車→ | たま自動車→ | プリンス自動車 | →富士精密工業 | →プリンス自動車工業 |

●プリンス自動車の企業としての流れ

　このような性格や考え方が、まわりとの人間関係も良く、また幸運にも恵まれて仕事をする上で随分自分の得になったと思っている。

　それにしても、プリンス自動車で学んだことは多い。

　富士精密工業(61年からプリンス自動車工業)に入社して、グロリア、スカイラインのシャシー設計を通じて多くの上司、先輩から数々のことを学んだ。我が国の自動車産業が本格的に復興し始めた1950年代から60年代に入り、経済の高度成長とともに自動車が我が国の基幹産業に成長し国際化に対応すべく発展した時代に、優秀な技術と自由闊達なプリンスで自動車技術者として基本をしっかり学んだことがその後、日産と合併し、日本の自動車が世界のトップクラスに躍進した時代を通して、1990年代まで自動車の設計開発に従事してきた私の人生に大変有意義だった。

　プリンス・スカイラインを生み出した富士精密工業は、戦前軍用機をつくっていた中島飛行機と立川飛行機から生まれた会社で、自動車メーカーとしてはトヨタ、日産、いすゞなどに対して規模も小さい戦後生まれの後発メーカーだった。しかし、軍用飛行機は当然性能第一が要求され技術優先の会社だったので、プリンスの技術者は優秀な技術と他に負けたくない自信と誇りを持っていた。また、後発の小

歴代スカイラインの前で、プリンスの大先輩(左から田中次郎、外山保、中川良一、田中孝一郎の各氏)と。R32オフライン式典で。外山さんが「井戸を掘った先人の恩を忘れるな」という中国のことわざを紹介されたのが印象的だった(1989年6月)。

スカイラインオーナーズ・クラブとの交流での櫻井眞一郎さん(左)とまだまだ元気なS54Bを囲んで(1991年)。

富士精密工業の本社正門。杉並区荻窪にあり、元中島飛行機のエンジン工場だった。入社当時は自動車の設計、試作、実験とエンジン、ミッション、デフなど機械加工及び組立が行われていた。私の自動車人生はここから始まった。車体及び車両組立は三鷹工場だった。

規模メーカーがトヨタや日産など先発大規模メーカーに対抗するために、トヨタ、日産でやっていないものをつくる独創的新機能や先進性、高性能などに積極的にチャレンジした商品戦略を採ることにした。

　初代プリンス・スカイラインは、総合自動車メーカーを目指すプリンスの星として最新技術を投入して開発し、他車を凌駕する先進性と高性能で魅力的な国産車として市場から高い評価を受けた。スカイラインには最高のものを造るというプリンスの創造と挑戦の熱意が込められていた。

　私が学んだプリンスの社風・企業文化を要約すると以下のようになる。さん付けで呼び合う自由闊達な社風・創造と挑戦の企業文化であった。

・現時点で最高のものを造る→　高い目標にチャレンジし、常に進化すること。
・独創性・独自性を重視　　→　創造と挑戦、存在価値を明確に。
・現場、現実、現物に教わる→　市場、現場、実験重視、物はウソを言わない。
・ホンネの議論　　　　　　→　技術論争に職位の階段なし。

　入社して多くの上司、先輩から数々のことを学んだ。とくに当時プリンスの開発部門をリードされていた田中次郎さん（当時実験・設計部長、後に日産自動車専務取締役）や直接指導を受けた我が国が誇る自動車設計者である櫻井眞一郎さんをはじめ多くの上司、先輩から教わったプリンス魂は、その後の私の人生で貴重な指針となった。

1-2. プリンス自動車に入社するまで

■育った環境

　私は自動車メーカーでクルマの設計開発を40年にわたってやってきた。その間、多くの先輩に教えられ、同僚や部下の方々の支援のもとに仕事をしてきたが、物事

に対する取り組み方や自分の考え方、価値観、周囲の人との人間関係などでは、私の生い立ちで培われた性格と幸運に助けられたところが多いと思っている。

　私は1937年（昭12年）3月、広島県竹原市の小さな田舎町で、農家の6人兄弟の4番目、次男として生まれた。兄弟が多かったため、人を頼らず自分のことは自分でやる自立精神が養われたように思う。

　戦前、父が小さな精米所をやっていたので、子供の頃にトラックが荷物を運んで出入りしていたのをよく覚えている。自動車に自然と興味を持つようになった。狭い道路で後輪ダブルタイヤの外輪を田んぼの角ぎりぎりに寄せて、バックで上手に店の前に寄せるのを感心して見ていた。なぜ後輪がそこを通るのか、まわり込むときに前輪と後輪が同じ軌跡を通らないのかなど理屈を考えるのが好きだった。

　また、父が精米所で使用する発動機や、ターボ型フランシス水車を時どき分解し、修理しているのを見て、機械に興味を持った。機械の構造や機構を知るのが楽しかった。家の時計や家財道具などを分解し、壊してよく怒られた。このころから自動車に対する興味が強くなり、何らかのかたちで自動車に関わっていたいと思うようになっていた。

　1945年（昭20年）8月6日、朝学校へ行く途中に山の向こうで閃光があり、新型爆弾が落とされたことを後で知った。小学校3年生の時だった。このときは、原子爆弾とは知らされなかったが、修学旅行で広島へ行ったとき、まだ焼け野原にバラックの建物が点在していた。新しい技術は、ときには世の中を破壊するものであったが、人々の幸せのために使わなければならないと思ったことを今でも覚えている。

　敗戦によって、中学の教育方針が変わっていた。戦後の新しい民主教育を校長先生主導で受けた。通常の学習と合わせて、個人の自主性と協調性、公平・正義を重視した人間教育に重点がおかれていた。人は自主性と互助の精神で、清く、正しく、生きることを教えられた。戦後の民主教育のモデル校として、新しい試

1958年大学4年のとき、自動車部のメンバーで九州阿蘇方面へ。米軍払い下げのウイリス・ジープとダッヂ・ウェポンに分乗し、交代で運転した。当時は未舗装道路がほとんどだったので、乗り心地は最悪だったが、皆希望にあふれていた。向かって右から2番目が筆者。

みが実践されていた。宿題も期末試験もなかった。全国の教育関係者がよく見学に来ていた。

このときの教育は、私のその後の考えや行動の基本になった。社会に出て、難題にぶつかっても皆で知恵を出し合い、諦めないで粘り強く取り組む精神力を植え付けられた。卒業するときにもらった「たんぽぽや、幾日踏まれて今日の花」のことばを今も忘れていない。踏まれても虐げられても、くじけずに力強く生きていくことを教えられた。

高校は片道6kmの田舎道を自転車で通った。雨にも負けず風にも負けず、暑さ寒さにも負けず、3年間1日も休まず通った。お陰で小さい身体ながら、足腰強い健康な体力を身につけた。高校では、数学や物理が好きで、将来エンジニアになることを目指していた。そして、広島大学工学部機械工学科へ進学した。

■スカイラインとの出会いが決めた私の人生

初代プリンス・スカイライン（ALSI）が発売されたのは、1957年（昭32年）4月、私が大学3年になったときである。当時、日本の自動車メーカーでは、トヨタ、日産、いすゞが御三家であったが、乗用車はまだ技術的に遅れていた。英国のオースチン（日産）、ヒルマン（いすゞ）、フランスのルノー（日野）など外国車のノックダウン生産が多く、小型車部門の純国産車はダットサン、トヨタのトヨペットクラウン及びマス

1955年に登場したトヨタのクラウン。戦後ではトヨタ初の本格的な乗用車だった。

クラウンと同じ1955年に登場した新型ダットサンは、国産乗用車としてユーザーを拡大していった。

日野が提携して国産化したルノー。700ccの非力なエンジンでコンパクトなクルマ。

日産ではダットサンのほかにオースチンと提携して国産化した。これはA50型ケンブリッジ。

いすゞも乗用車部門に進出するためにヒルマンを国産化した。

ALSI-1; 全長 4280mm、全幅 1675mm、ホイールベース 2535mm、車重 1310kg

4気筒OHV、1500cc、60馬力エンジン、1959年に圧縮比を上げて70馬力にパワーアップされた。

アクスルシャフト　ドライブシャフト　インボリュートスプラインブーツ　スリーブヨーク

アクスルチューブ

バックボーン・トレー型フレーム。フレーム（骨格）とフロアを一体化することで低いフロアにすることが可能で重心を下げて走行安定性の向上を図った。

ドディオン・アクスル。重いデフがフレームに固定されており、バネ下重量が軽く、タイヤの接地性が良いため走行安定性が優れていた。ただし、駆動トルクをかけるとスプラインの摩擦力によってドライブシャフトの伸縮が阻害され、ガタや異音が問題になった。

ター、そして富士精密のプリンス・スカイラインなどを数える程度だった。

　高級乗用車は大型のアメリカ車が憧れの的で、豪華なスタイルと乗り心地のよいエアーサスペンションを装備し、トルコンやエアコンなどの高級・豪華な装備などで国産車とは大きな差があった。

　スカイラインは、アメリカ車のような車体側面のベルトラインやテールフィンをもつ洗練されたスタイルだった。直列4気筒1500cc国内最強の60馬力エンジン、シンクロメッシュ付きリモートコントロール式4段トランスミッションで6人乗り、前輪ダブルウィッシュボーン独立懸架、後輪は柔らかい3枚バネのドディオン・アクスル、ホワイトリボン・チューブレスタイヤ、VWと同じバックボーン・トレー式ボディなど新しい技術へ挑戦した魅力的な国産車だった。

　何よりも外国のメーカーに頼らず、日本の自前の技術、自分たちの創意工夫でつくりあげていることに感動した。戦前のゼロ戦や戦艦大和など、世界に誇った日本の技術を彷彿とさせる意気込みが感じられた。そのような会社でぜひとも働きたいと思った。そのために、大学で自動車部に入って運転免許をとり、富士精密工業に入社すること以外に考えなかった。初代スカイラインが、私の人生を決めたといえる。

　トヨタや日産のような大会社に入る気はしなかった。大会社の中でやって行く自

信がなかったことと、商品に魅力を感じなかったからである。小さくても自分が感動したように、人々に夢や感動を与えられるような自動車メーカーで仕事をしてみたいと思ったのが率直な気持ちであった。そして、入社して、憧れのスカイラインの設計開発に従事出来たのは幸運だった。しかし、スカイラインのプロジェクトリーダーになるなどと入社した当時は、思ってもいなかったことだ。

　1959年（昭34年）当時は新幹線や航空機がなかった時代で、広島から急行列車で20時間かけて一人で東京に出てきた。生まれ育った故郷を離れて、遠隔地へ赴く私をプラットフォームで両親が見送ってくれた。22歳のときである。

1-3. 富士精密に入社

■シャシー設計に配属、特訓を受ける

　1959年4月、晴れて富士精密工業(株)に入社した。将来この会社を背負って立つという大いなる希望と、未知の世界でどれだけやれるか不安を持って入社式に向かった。大卒の新規採用は事務系、技術系各10名であった。

　プリンス自動車に名称変更するのは1961年2月のことで、この当時は富士精密という名称の会社だった。もともとは中島飛行機のエンジン開発部門であった東京、荻窪を本拠地とする富士精密が、1954年4月にたま自動車を前身とする旧プリンス自動車を吸収合併しており、このときの富士精密は規模は小さかったが総合自動車メーカーとして活動していた。

　新入社員教育を受けた後、自動車事業所設計部設計4課（シャシー設計）に配属された。元の富士精密系はエンジン担当で、シャシーやボディ関係は旧たま自動車系の技術者が中心だった。

　サスペンション、ステアリング、エンジンマウンティング、タイヤ・ホイール、ブレーキおよびABC（アクセル・ブレーキ・クラッチ）＆トランスミッション・コントロール系などを担当するサスペン

1961年、荻窪工場にて。昼休みにシャシー設計の同僚と。右から3人目が若き日の筆者。

富士精密本社本館事務所(右図正門正面の建物)。
荻窪工場全景。

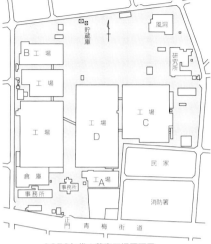

1950年代の荻窪工場平面図

A:1階が食堂、2階が設計室で、中間に柱がない広い建物だった。研究所に実験が入り、走行実験はBの一部に入っていた。C:試作工場とエンジン組立工場。D:機械加工工場。入社以来23年間勤務した荻窪工場は思い出深い地であるが、今は残っていない。生まれ育った生家がなくなったような淋しさがある。

ショングループと、アクスル、クラッチ、トランスミッション、プロペラシャフト、デファレンシャル・ギアなどを設計する駆動系グループ、そしてフレームを担当するグループがあり、課長以下20数名であった。

　私はサスペンション・グループに配属された。グループリーダーが後のミスター・スカイラインの櫻井眞一郎さんだった。かなりの年配に見えて、みんなから一目置かれる存在だった。1952年に入社して、初代スカイラインのサスペンションの設計をやっており、私より7年先輩だったが、エンジニアとして自信にあふれた態度だった。

　配属になった日から1週間、朝から晩まで毎日製図の基本をみっちり仕込まれた。大学で機械製図は習っていたが、線引きや文字書きをサンプルどおりに書かされた。1枚書き終わると、櫻井さんに見てもらう。「設計者のアウトプットは設計図面だから、その図面でものを造る人に設計者が何を考えて設計したのか理解してもらえるように魂を入れて書け」ときつく教えられた。

　晴れた日と雨の日では、エンピツのノリが変わる。気分が乗っているときとそうでないときとの違いを直ぐ見抜かれたのには驚いた。設計図面は線や文字が多少揃っていなくても、間違いがなければ良いのではないかと反感を覚えたが、職人として技術屋魂を徹底的に叩き込み、学卒のプライドを捨てさせる教育だと後で聞か

された。この特訓は櫻井学校の伝統として、以後オーテックジャパンにまで引き継がれていた。

製図の特訓が終わると、複雑な形のステアリングナックルのスケッチ図面を描かされた。ノギスやトースカンなどを使って形状や寸法を測り、図面にするのである。せっかく苦労して書いた図面を櫻井さんに見てもらうと、部品の基準の採り方や、鍛造や機械加工のやり方、材料や熱処理まで理解した図面でないと徹底的に追求され、赤エンピツでチェックされて書き直しを命じられる毎日であった。人から聞いた話や上っ面の知識でなく、基本を理解して自分のものにすることが、物事を判断する際にいかに大切かを教えられた。

■エンジンマウント設計で涙

しばらくして、スカイラインの試作エンジンマウントの設計を1週間でやって来いと命じられた。パワーユニットの重量や重心位置、慣性モーメントなどのスペックとエンジンマウント設計の簡単な資料を渡された。よく解らなかったので振動に関する本を買って、にわか勉強したが、1週間はあっという間に過ぎた。

出来たかと呼び出され、まだまとまっていないと報告すると、こっぴどく怒られた。多少のヒントをいただいて、もう1週間の時間をもらってやり直すことになった。必死の思いで振動系の6連立方程式をたて、解をだして恐る恐る報告し、やっと認めていただいた。ここまでは、毎日毎日が苦痛の連続であったが、ここでへこたれては何のために東京まで来たのか、負け犬で終わるものかと自問自答しながら耐えてきた。

櫻井さんは、どんな苦境に立っても諦めないで頑張れるかどうかを試していた。ライオンは子供を谷底に突き落し、這い上がってきた子供のみ育てるといわれているが、櫻井学校はまさにライオン教育であった。

また、どうすれば櫻井さんの期待に応えられるのか、氏の考え方はどうなのかを

4灯式になった1960年のスカイライン。

初代グロリアBLSIP-3。エンジンは1900cc94馬力。

理解するように努めた。外国の自動車誌や学会の資料なども読み、必死で勉強もした。叩かれ強いと認められ、やっと信頼されるようになり、仕事を任せてもらえるようになった。

■サスペンション設計の担当に

　エンジンマウントの特訓が終わると、自動車技術会操縦性安定性委員会から依頼された前輪アライメント可変要素試験車の設計を命じられた。これはフロント・ホイールアライメント(キャンバー、キャスター、トーイン、キングピン傾斜角)が自動車の操縦性や安定性にどのように影響するかを試験するもので、ホイールアライメントを任意に変えられるように、スカイラインのフロントサスペンションを改造した。その後、サスペンション・ボールジョイントの耐久試験機を設計した。S4グロリアのサスペンション・ボールジョイントにスプリングで荷重をかけて回転と揺動運動をさせ同時に数個の試験ができる装置である。プリンスは簡単な試験装置は自前で設計し、製作して使っていたが、この試験機は日産テクニカルセンターに移転するまで使われていた。

　S4グロリア、S5スカイラインのエンジンマウントの設計を経て、サスペンション

プリンスのトラックは強力なエンジンと頑丈で他社に勝る積載量を特徴にしていた。マイラーは小型ボンネット型トラックで1.5〜1.75トンの積載量でプログレッシブリーフスプリングを採用して乗り心地の良さと堅牢性を誇っていた。

キャブオーバートラックのクリッパーは、積載量の大きい我が国初の小型フルキャブオーバートラックAKTGの後継として1958年に誕生した。新鮮なスタイルと2トン積みの広い荷台、堅牢なシャシーで高い評価を得た。

1.25トンクラスの小型キャブオーバートラックホーマーは、フロントにトーションバー付き独立懸架を採用し、我が国初の無給油トラックシャシーの先進的なクルマだった。

の設計を担当するようになった。当時は設計マニュアルなどはなく、先輩も細かく指導する時間がないので、自分で図面や資料を調べなければならなかった。また、技術がどんどん進歩している時代だったので、新しい技術は欧米の新車を参考にスケッチしたり、外国車の資料や「Auto Car」「Automobile Engineer」などの自動車誌、SAEなど学会の文献から新しい知識や技術を学んだ。当時は、今と違って設計する技術者の数も多くなく、私のようにあまり経験のないものでも、大切なサスペンションの設計をすることになった。

櫻井さんに設計図面の承認を得るのが難関だった。何を考えてこのような設計をしたか、どうやって造るのか、細かいところまで質問される。全体のバランスをみてウイークポイントや、検討不足の部位、手抜きしたところは即座に見抜かれた。当時から設計の勘どころを知り尽くしたスゴイ設計者だった。

一人前の設計者になれるよう必死で勉強し、また試行錯誤しながら実験を繰り返し"ものから学ぶ"プリンスのやり方を教わりながら、誰よりも「①仕事が早いこと、②ミスがないこと、③最後まで責任をもってやり遂げ、任せて安心されること」をモットーに信頼される技術者を目指した。

1-4. 2代目グロリア（S4）の開発

■自動車の振動・騒音対策

新開発車両の設計を担当したのは、1962年（昭37年）発売の2代目グロリア（S4）のエンジンマウントからである。プリンスは1960年（昭35年）自動車事業5か年計画を策定し、高級乗用車グロリア、小型ファミリーカー・スカイライン、そして中型キャブオーバートラック・クリッパー、ボンネットトラック・マイラー、小型トラック（後

スプリント1900。S50のシャシーに1900ccエンジンを搭載し、イタリアのスカリオーネにデザインを依頼した試作車。

スカイラインスポーツ（BLRA-3）。BLSI初代グロリアのシャシーをベースにイタリアのデザイナー・ミケロッティにデザインを依頼した意欲作。1960年トリノショーで発表し、1962年クーペとコンバーチブルが市販された。

2代目グロリアの試作モデル（左）と発売されたグロリアデラックス（右）。GMのコンパクトカー"コルベア"と似たフラットデッキスタイルと、簡素なデザインだったため急遽メッキモールを多用した豪華なスタイルに変更された。OD付き4段トランスミッション、自動給油装置、ACジェネレーター、無段変速ワイパー、ワイパー連動式ウォッシャー、国産初のカーエアコン、オプションとしてパワーウインド、パワーシートなど新機構を満載した高級車だった。S40D-1:全長 4650mm、全幅 1695mm、ホイールベース 2680mm、車重 1290kg、エンジン：直40HV1862cc、94ps。

のホーマー）の商品体系で、月産1万台規模の総合自動車メーカーを目指した。

　戦前から自動車生産をしているトヨタや日産と比べると後発であるプリンスは、このころになってようやく自動車メーカーとしてのかたちが整ってきていた。戦後の貧しさからようやく抜け出してきていて、自動車の販売はこれから大きく伸びようとしていた時期である。トヨタや日産に追いつくのは至難の業であったが、自動車メーカーとしてのポジションをしっかりと築くための大切な時期を迎えていた。

　2代目グロリアは、輸入自由化に対処すべく最新の技術を投入したプリンスの切り札として開発された。初代グロリアはスカイラインと同じボディに排気量の大きいエンジンを搭載したもので、この2代目グロリアが本当の意味でのグロリアであった。

　1959年（昭34年）暮に我が国初の新開発OHC直列6気筒2000ccエンジン（FG6G）を搭載するGTSLの設計開発をスタートさせた。当時の小型車の規格は1500cc以下であったが、その枠が2000ccに拡大されることを考えて、まだほとんどの国産エンジンがOHV型である当時に、OHC型にして直列6気筒エンジンを搭載し、サスペンションは前輪

グロリアスーパー6（S41D-1）用G7エンジン。直列6気筒OHC ボア×ストローク75×75、1988cc、105ps/5200rpm、トルク16.0kgm/3600rpm。我が国初の直6OHCで、滑らかで高出力エンジンとして市場に大きなインパクトを与えた。後にスカイラインGTに搭載され高性能スカGの神話をつくった。

2代目グロリア(S40)のバックボーン・トレー型フレームとシャシー(左)。リアにドディオン・アクスルを採用し、2680mmのロングホイールベースとセンターベアリング付き3ジョイントプロペラシャフト(上)を採用して、フラットライドの乗り心地と高速走行安定性、静粛性を狙ってプリンス技術の総力を注入した。

ダブルウィッシュボーン・ボールジョイント式独立懸架、後輪はコイルスプリング・リンク式ドディオン・アクスルなど最新の技術を採用した画期的なクルマとして企画された。

　1960年7月に細部設計が完了した時点で、4気筒1900ccエンジンを搭載するBTSL(S40)を6気筒エンジンを搭載するGTSL(S41)に先行して開発することに計画が変更された。1960年10月に試作初号車が完成したが、デザインがシンプルだったので、フラットデッキの周囲にも急遽メッキモールを多用した高級感、豪華感のあるものに修正することになった。

　私は、エンジンマウントの設計を担当した。従来のプリンス車のエンジンマウントは前2点、後1点をゴムバネで支える3点マウントで、加減速時のエンジン前後荷重はクラッチハウジング部をブレーシングロッドで突っ張る方式だったが、リアマウントで前後荷重も受ける方式にして、ブレーシングロッドを廃止し簡素な構造に改善した。また、軽量化のためにエンジンブロックに結合するブラケットをアルミ合金にした。

　細部の設計でも、新型車を開発する際には現行車に対して、何らかの進化、工夫改良が入っていなければ怒られた。より小型化・軽量化、より高機能・高性能化など常に進化・改良することが設計者に求められた。

　1961年にリアサスペンションも、初代で実績があるリーフスプリング式ドディオン・アクスルに変更し、振動騒音対策のため、センターベアリング付き3ジョイント・プロペラシャフトの改良をすることになり、私はドライブラインの設計とセンターベアリング・マウント、デフマウントの設計も担当することになった。

　3ジョイント・プロペラシャフトは大型の米国車に採用されていたので、当時のSAE論文などを参考に3ジョイント・プロペラシャフトのドライブラインの勉強をし

た。十字継手を使ったプロペラシャフトでは、ジョイントの折れ角によって発生する
トルク変動で低速走行時に生じるこもり音や、駆動トルクが大きい発進時にジョイントの2次偶力によってセンターベアリング・マウントを揺さぶるブルブル振動、さらにコースティング時、プロペラシャフトの慣性力によってギアのバックラッシュに起因するガーガー音などプロペラシャフトによる振動、騒音が問題になることを学んだ。

　ジョイント角度は極力小さく、さらに発生するトルク変動を打ち消し合うようにジョイント角度を設定する必要があり、トルク反力による変位や製造バラツキも考慮して厳密な調整をしなければならなかった。グロリアのボディは初代同様、バックボーントレー式であった。プロペラシャフトが通る部位は完全なトンネル状になっていたため、シムの厚さによるセンターベアリングの上下方向の位置調整は大変な作業だったが、村山工場にお願いして引き受けてもらった。

　さらに、デフ単体をフレームから吊り下げていたため、駆動時の大きなトルク反力とデフ単体を支えた振動系の固有振動数の関係がうまくとれず、エンジンのトルク変動が大きい4気筒車の低速こもり音では、マウンティングのチューニングで大変苦労した。

■サスペンションの設計
1）フロントサスペンション

　当時日本の道路舗装率は低く、ほとんどが砂利道で、乗り心地と悪路走破性、耐久信頼性の確保が重要な課題であった。乗り心地を良くするためにバネは柔らかく、ストロークは大きくしなければならないので、バネの耐久強度が問題で、よく折れた。また、サスペンションのフリクションを減らすため、コイルバネやトー

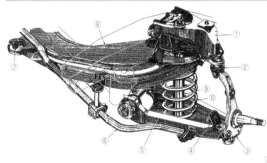

グロリア（S4）のフロントサスペンション。ロアアームに大きな後退角をつけて前後ショックの吸収に優れるトレーリング効果を、アッパーアームに小さな後退角と前上がりの仰角をつけてアンチダイブ効果などを発揮させる高度なホイールアライメント特性を持たせた。クロスメンバーにすべて組み付けられているので荷重が集中し、クロスメンバーの強度、剛性対策が必要だった。現在のクルマは車体に荷重を分散する構造である。

①アッパーアーム　　　④バンパーラバー　　　⑦マウンティングラバー
②アッパーボールジョイント　⑤ロアアーム　　　⑧クロスメンバー
③ステアリングナックル　⑥スタビライザー　　　⑨ショックアブソーバー
　　　　　　　　　　　　　　　　　　　　　　⑩コイルスプリング

ションバーの採用が望まれた。

フロントサスペンションは初代スカイライン同様ダブルウィッシュボーン・コイルスプリングの独立懸架であるが、キングピン方式からボールジョイント方式に改められた。乗り心地を良くするため振動数1ヘルツくらいの柔らかいバネと220mmを超える大きなサスペンション・ストロークをとり、サスペンションアームの長さとアームの後退角や仰角を適切に設定して、トレッド変化を極力抑え、ブレーキをかけたとき車体の前のめりを防ぐアンチダイブや、旋回時のロール・アンダーステアを発揮させる高度なアライメント特性を持たせた。

一方、複雑な形状のサスペンションメンバーの剛性や、前から見てヘの字状湾曲が強かったアッパーアームの挫屈対策など、強度剛性対策が必要だった。サスペンション・メンバー内側に補強板を追加し、アッパーアームは補強を繰り返し、最終的に板厚を3.2から4.5mmに増大した。高級車に相応しい静粛性を実現するため、サスペンションAssyを3ヵ所の大容量ラバーマウントを介してボディに結合した。

ホイールアライメント設定の考え方や自動車の乗り心地、運動性能、そしてSimple is bestも大切なことを学んだ。

2)リアサスペンション

リアサスペンションでも、このクラスで初めてコイルスプリングを使用し、リンク式ドディオン・アクスルにチャレンジした。しかし、リンクを含めて新しいサスペンションの開発には時間が必要との判断で、1961年に開発途中で先代と同じリーフスプリング方式に戻した。ただし、バネは先代の3枚バネから、Mn-Cr鋼（SUP9）の採用やロングテーパー・ロール加工、ストレスピーニングの実施などによってフリクションが少なく、疲労・耐久性に優れた柔らかい2枚バネに進化させた。そして、

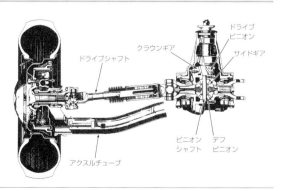

グロリア（S4）のドディオン式リアアクスルは、初代（BLSI）に比べて13インチホイール、アルミドラムブレーキなどの採用でバネ下重量が軽減し、走行安定性がさらに向上した。2枚リーフスプリングや700-13-4PRタイヤの採用と伸縮性に優れたボールスプライン式ドライブシャフトの採用により、最高級車にふさわしい乗り心地と走行安定性を実現した。

ドライブピニオン
クラウンギア
サイドギア
ドライブシャフト
ピニオンシャフト
デフピニオン
アクスルチューブ

村山工場の第1号車、グロリア(S40)のラインオフ。

第1次工事を終えた村山工場。まわりはまだ田畑に囲まれた中に20万坪の巨大な工場が誕生した。

新技術への積極的チャレンジは続き、1965年(昭40年)グロリア・スーパー6(S41D-2)では、ついに究極の1枚バネを開発して採用した。

1962年(昭37年)、私はグロリア・バン(V42-1)のプログレッシブ・リーフスプリング(3枚バネ＋補助1枚)を設計し、板端法によるリーフスプリングの計算を修得した。各々の板が均等に応力分担するように長さと厚さで剛性のバランスをとるが、バランスが悪いと分担荷重が大きい板(撓みにくい板)の応力が高くなり、この板から折れる。リーフスプリングは弾性体の剛性と荷重分担、力の伝達、流れ方を理解することができる良い題材であった。

初代スカイライン及びグロリアで、駆動力がかかったときにスプラインのフリクションでドライブシャフトがスムーズに伸縮せず、その軸力でリアアクスルの異音やガタが発生する問題があった。このドライブシャフトは、新開発のボール

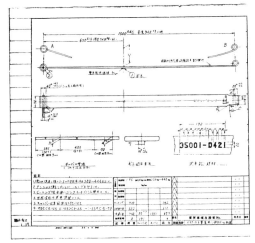

グランドグロリア(S44)。G7エンジンのボアを84mmに増大して排気量を2484ccとし130psのG11エンジンを搭載した3ナンバーの高級乗用車。1964年5月に発売し「高級車グロリア」をアピールした。

1枚バネの諸元
スパン1500mm、巾90mm、板厚中央11→先端7mm、材質SUP9、バネ定数1.95kg/mm、設定荷重342kg。

1965年における村山工場全景。5月にテストコースの第1期工事が完成した。その規模は当時東洋一だった。高速周回コースは周長4250m、直線部1456m、幅4m×2、曲線部半径130m、バンク36°、中立速度110km/h、最大傾斜角42°、最大速度160km/h。工場と合わせて総面積40万坪の広大な村山工場である。

スプライン式を採用することで問題は解決した。このとき開発したドライブシャフトは日産と合併した後、510型ブルーバード、C30型ローレル、S30型フェアレディにも採用された。

■自動車の強度信頼性設計

　私が入社した頃は、自動車の設計をする際に1949年(昭24年)10月に作成された自動車技術会強度・走行試験法委員会による「自動車強度基準」や、その後見直されて1962年(昭37年)6月に作成された「自動車負荷計算基準」に基づいて、各部の設計をした。自動車にかかる負荷の条件を設定し、そのとき部材にかかる荷重と応力を算出して、必要な安全率をもたせて設計するための基準である。

　たとえば、小型自動車にかかる上下荷重は、定員乗車で公称最大速度で走行中に、前後輪が同時に80mmの突起に乗り上げた場合には輪荷重の2倍(2G)の負荷がかかるとか、前輪が100mmの段差に落下した場合には2.5倍(2.5G)の負荷で計算すれば良いという計算基準が示されている。

　この基準によって設計し、試作車で実験を繰り返しながら自動車の開発が進められた。実際の走行条件(走行速度、路面状況、積載量や運転状況など)によって自動車にかかる負荷は変わるので、実験車による走行実験は欠かすことができなかった。しかし、当時はテストコースがなく、荻窪から狭山、入間、川越方面に出かけて未舗装の一般道路で走行実験をしていたので、路面状況が一定でなく負荷条件を定量化して判断する必要があった。

　私は、サスペンションの設計担当となって自動車の重要保安部位の設計をしたため、とくに強度・耐久性

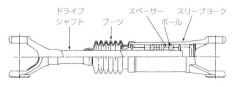

ボールスプライン式ドライブシャフト。駆動トルクがかかった状態でもフリクションが少なく、スムーズな伸縮ができるようにボールを介してトルクを伝えるようにした。ボールのガタがないように高精度な加工が必要だった。

ドライブシャフト　ブーツ　スペーサー　ボール　スリーブヨーク

については神経を使った。実験によって幾度か設計変更をしなければならなかった。たとえば、サスペンションの最大ストロークをバネ上荷重の2.5倍(2.5G)に設定しても、実験車でオーバーストロークしてタイヤがフェンダー内側に接触する場合があり、バンパーラバー(ストッパー)を硬くしたり、早めに作動させる設計変更が必要だった。実車で負荷測定すると、最大上下負荷は4〜5Gが計測された。

サスペンション・ボールジョイントが折損する不具合も、実験車で発生した。通常の悪路走行では再現しなかったが、ハンドルを切って急ブレーキをかけると、ボールスタッドに横荷重と前後荷重が同時にかかり、その合成力でボールスタッドが折損することが判った。強度を上げるボールスタッドの材質や熱処理について種々検討した。

また、駐車場に入る際、うっかり縁石に乗り上げた場合は異常がなくても、乗り上げと同時にブレーキをかけた場合には、サスペンションに大きな負荷がかかることも経験した。

実験部ではこれらの経験から、通常の使い方ではユーザーはやらないが、万一やられた場合でも大きなダメージが発生しないか「イジワル実験」や、過度の負荷をかける「実用強度実験」を実施するようになった。

サスペンションやステアリングなどは、部品が折損や破断した場合には重大な事故につながる危険性があるため、特定部位に応力が集中しないよう強度バランスを考慮した設計をして十分な安全率をとると同時に、万一予期せぬ大きな負荷がかかった場合には、交換可能な部品が変形して異常を予知できるようなヒューズの役目を持たせる「フェイルセーフ」の設計思想が必要なことも学んだ。

プリンスでは強度や耐久性だけでなく、自動車の性能や機能をユーザーの立場から見て評価する実用性実験が重視され、新たな設計基準として加えられた。

「物はウソを言わない」つまり、現場や現物から教わることはプリンスの設計開発の教訓だった。

■幻のクルマDPSKのストラットサスペンション

私が入社した1959年の夏、国民車構想に基づく大衆小型車DPSKが試作された。水平対向空冷2気筒600cc24ps、エンジンをリア搭載したRR方式を採用したクルマで、フロントはストラット・コイルスプリング、リアはスバル360と同様のトレーリングアーム付ダイアゴナル・スイングアクスルにコイルスプリングを組み合わせた軽量で構造簡単な4輪独立懸架だった。

通産省の国民車構想に基づいて試作された
DPSK。全長3180mm、全幅1360mm、
ホイールベース1950mm、車重495kg、モ
ノコックボディ、水平対向2気筒601cc、
24ps/4500rpm、リアエンジン・リアドラ
イブ、フロントストラット、リアダイアゴナル
スイングアクスルの4輪独立懸架で走りは良
かったが、音と振動が大きな問題だった。
1958年登場の軽乗用車スバル360に対し全
長+185mm、全幅+60mm、ホイールベー
ス+185mm、車重+110kg、エンジン出力
+6ps。スバルの軽さは驚異的である。

　当時は悪路ばかりで、走行安定性を高めるためにフロントサスペンションアーム
は車体中央付近に支点を持つ長いアームで、ストラット型サスペンションのホイー
ルストロークに対するキャンバーやトレッドの変化を極力少なくするように、また
センターアーム式ステアリングリンクを採用してナックルアームに結合されたタイ
ロッドピボットが車両センター部にあり、車輪が上下してもトーインがほとんど変
わらないようなレイアウトを採用していた。

　リアはVWと同じ縦型トランスアクスルで、アクスルシャフトと板金のトレーリン
グアームがサスペンション部材の役割をもち、車輪の上下動によるキャンバー変化
は大きいが、構造が簡単で軽量な特徴を持っていた。路面の摩擦係数が高い舗装路
では、キャンバースラストやトレッド変化による車体の横揺れが発生したり、大き
な横Gがかかる旋回時に車体を持ち上げるジャッキアップ効果によってスピンしやす
いが、当時はほとんど砂利路で摩擦係数が低く、5.00-12-2Pチューブレスタイヤで柔
らかいバネと軽いバネ下重量の4輪独立懸架のDPSKは、砂利路を100km/hでスイスイ
走れた。ただし、軽量モノコックボディと空冷2気筒エンジンのため振動と騒音が大
きく、私もエンジンマウントの対策に苦慮した。

　翌1960年(昭35年)、空冷水平対向4気筒で38psのCPSKを開発して振動騒音の改善を
図ったが、経営上の判断でこのクルマの開発は中止となった。

第2章 歴代スカイラインの設計と変遷

2-1. 2代目スカイライン(S5)の開発

■小型ファミリーカーで再出発

　総合自動車メーカーとして飛躍を図るために、プリンスの星として生まれたスカイラインも新しい役目を与えられた。プリンスが誇る高級・先進・高性能コンセプトは兄貴分のグロリアに譲り、2代目スカイラインはトヨペット・コロナ、ニッサン・ブルーバードと対抗する小型ファミリーカー(社内形式名EZSP)として、1960年(昭35年)初めに開発に着手した。

　車両はサイズダウンされて、エンジンは4気筒FG4E1200cc、サスペンションは初代同様、前ダブルウィッシュボーン独立懸架、後リーフスプリング・ドディオン・アクスルで、モノコック・ボディだった。

　1961年(昭36年)春、試作1号車が完成したが、デザインがグリルレスでユニークだったことと、ファミリーカーとして価格と実用性を重視することなどの理由で、

2代目スカイラインの試作車(EZSP)。デザイナーはシンプルなデザインを目指して、2灯式でフロントグリルはヘッドランプ下に全幅にわたる細長いユニークなものだった。当時人気があったカエルのケロヨンに似ていたので社内では"ケロヨン"と呼ばれていたが、トップの「プリンスは小さいクルマでも豪華で上級車の雰囲気を出せ」との鶴の一声でボツになった。

2代目スカイライン1500デラックス（S50D-1）。1200ccの"ケロヨン"EZSPから1500ccで上級感のあるスタイルに変わった。全長4100mm、全幅1495mm、ホイールベース2390mm、車重960kg、エンジン1484cc 70ps/4800rpm、サスペンション前ダブルウィッシュボーン／後リジッド、1年3万km無給油に挑戦した。

全面的に計画が変更された。デザインを高級感のあるものに変更し、エンジンはコロナやブルーバードより上の排気量を狙って、初代と同じ1500ccに、後輪はコンベンショナルなリーフスプリング・リジッドアクスルとなった。これがAZSPという形式名のクルマになった。

　個人ユーザー向けファミリーカーとして自動車の保守・点検・整備の容易化を図るため、国産車で初めてエンジンとシャシーのメンテナンスフリー（無給油化）を行うことにした。当時、自動車は3000〜5000kmごとにガソリンスタンドでシャシー回りにグリースアップするのが普通だったので、無給油化は画期的な出来事だった。

　1960年頃、アメリカで給油個所の削減や給油期間の延長を図る技術開発が進められ、トランスミッション、リアアクスル・デフを無給油化してシャシーの3万マイル無給油化を実現していた。アメリカは道路舗装率が100％に近いのに対し、当時、我が国の道路舗装率は一級国道でも30％前後であったため、無給油化の実現は大変な難題であった。とくにサスペンションとステアリングのボールジョイントは、路面に最も近い部分で露出しているため、悪路砂利道の泥砂や跳石を直接受けシールやダストカバーを損傷しボールジョイントの摩耗やガタが発生しやすかった。

　S5は給油個所を削減するためサスペンションアームの取り付け点はすべてラバーブッシュとし、ボールジョイントの焼結合金や樹脂のベアリング材、ロングライフ・

S50に搭載したシリンダーヘッドを封印し2年4万kmメンテナンスフリーとした1500cc70psのG1エンジン。

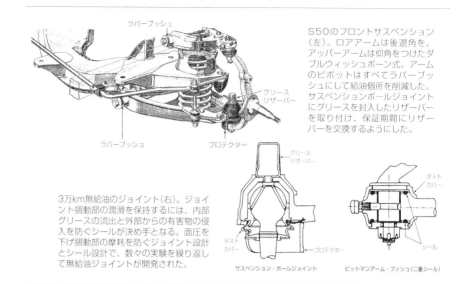

ラバーブッシュ

S50のフロントサスペンション（左）。ロアアームは後退角を、アッパーアームは仰角をつけたダブルウィッシュボーン式。アームのピボットはすべてラバーブッシュにして給油個所を削減した。サスペンションボールジョイントにグリースを封入したリザーバーを取り付け、保証期間にリザーバーを交換するようにした。

グリースリザーバー

ラバーブッシュ　　プロテクター

グリースリザーバー

ダストカバー

3万km無給油のジョイント（右）。ジョイント摺動部の潤滑を保持するには、内部グリースの流出と外部からの有害物の侵入を防ぐシールが決め手となる。面圧を下げ摺動部の摩耗を防ぐジョイント設計とシール設計で、数々の実験を繰り返して無給油ジョイントが開発された。

ダストカバー　　プロテクター

シール

サスペンション・ボールジョイント　　　ピットマンアーム・ブッシュ（二重シール）

グリース、そしてシールやダストカバーの形状やゴム材質などについて種々の試作開発を行い、耐久実験を繰り返した。最も効果的な対策はダストカバーを跳石から防ぐ2重のカバー（プロテクター）だった。1963年（昭38年）9月我が国初の1年3万km無給油シャシーのS50スカイラインを発売した。エンジンもヘッドを封印し、2年4万km保証を実施した。

　また、今では常識の計器盤無反射メーターはS50が世界初である。新しい技術や困難な課題に挑戦するのがプリンスの特徴であった。1966年（昭41年）10月のマイナーチェンジ（S50-2）から給油期間を2年6万kmに延長し、他社に先駆けて採用したプリンスの無給油シャシーは、商用車にも採用されて市場をリードした。

2-2. スカイラインGTの誕生

　1963年（昭38年）5月、スズカ・サーキットで第1回日本グランプリレースが開催された。プリンスはグロリアとスカイラインスポーツがほぼ市販車のままで参加したが、スカイラインスポーツが7位と10位になっただけで惨敗した。

　我々設計開発部隊はレースにはノータッチだったが、市販車の性能がよいものだっただけに、プリンス車が惨敗したのはショックだった。レース用にチューンして臨んだメーカーもあり、市販車の性能がそのままレースの成績に結びついたわけ

ではなかったが、レースの結果はクルマの販売に大きな影響を与えた。バカ正直に
自動車工業会の「レースには自動車メーカーが直接タッチしない」という申し合わせ
をまもったプリンスは、レースで好成績をあげたメーカーの宣伝攻勢を黙ってみて
いるよりほかなかった。

　翌1964年の第2回グランプリレースは、必勝を期して全社をあげて取り組んだ。

　1963年9月、商品開発を強化するため、設計部シャシー設計課、ボディ設計課など
の機能別組織から乗用車部車両設計1課（グロリア担当）車両設計2課（スカイライン担
当）などの商品別組織に変更され、私は車両設計2課でスカイラインのシャシー設計
担当となった。

　日本グランプリレース用車両の設計開発は、S50発売直前の夏頃から取り組んだ。
サーキットを高速で走るために、スプリングを固め、ショックアブソーバーの減衰
力とスタビライザーの剛性をアップすると同時に、重心を下げるため車高をレギュ
レーションに基づいて最低地上高100mmに下げた。さらに、操縦性を向上させるた
め、サスペンションやステアリングのラバーブッシュをメタルブッシュに変更して
剛性を高めたレース用サスペンションを設計した。

　鋳造のフロントホイールハブは強度と軽量化のため、炭素鋼の削り出し品にし
た。軽量コンパクトなスカイラインのレース仕様車の開発は順調なスタートがきれ
た。グロリアに負けるなとの対抗意識もあった。

　この年の暮れに、内外のスポーツカーが競うGTクラスにも参戦するため、急遽S50
に6気筒G7エンジンを搭載したクルマをつくることになった。現有勢力の中で高性能
車を誕生させる方法が考案されたのである。

　具体的には直列4気筒搭載車にパワーのある直列6気筒エンジンを搭載するために、
車体のフロントピラーから前を延長し、フロントサスペンションとステアリングを
200mm前に出してステアリングコラムはそのぶん傾斜させた。G7エンジン搭載のた
め車軸や駆動系は強化型とし、バッテリーは重量配分を考えてトランクルームに移

第1回日本グランプリ
レースを走るスカイラ
インスポーツ。もとも
と手づくりのクルマで
ハンダを多用して車重
が重く、ほとんど市販
車のままで出場したた
め惨敗となった。作戦
負けだったと言えよう。

動させるというやっつけ仕事となった。

　時間がないので出来るだけ既存の部品を流用したり改造したり、ボンネットフードは2台分のパネルを切断、溶接して1台とし、フロントフェンダーは幅200mmの平板を追加・溶接して作った。最短時間で実現するにはどうすれば良いか、現実に合わせて実行するのがプリンスのやり方で、このクルマがその後のスカイラインの運命を決め、高性能スカイライン神話の始まりとなったのである。

　このクルマは、1964年1月27日に常務会で決定されたが、GTクラスのレースに出場するには、3月15日までに100台生産し、ホモロゲーションを取らなければならない緊急日程だった。

　そのため、設計は徹夜の連続だった。残業は200時間を超えた。トレッドに対してホイールベースが長いため、サスペンションのロール剛性の向上と、延長した車体の捩り剛性の低下をどう対策するかが大きな課題だった。サスペンションやステアリングはS50レース用に開発したメタルブッシュを採用し、フロント・トレッドを10mm広げて車体幅一杯とし、重心を下げるため車高を25mm下げた。

　ブレーキは前後輪とも冷却フィン付アルミドラム・デュオサーボとした。当然レース車用のサスペンションも同時に開発し、3月からサーキット走行に加わった。スカイラインGT（S54-1）として3月14日に発表し、5月1日から発売した。

　全長4300×全幅1495×全高1410mm、ホイールベース2590mm、車両重量1025kg、G7エンジン105ps／5200rpm、フロアシフト4段トランスミッションで、最高速170km/hだった。スポーツキットオプションとして、ウエーバー3連キャブレター、5速ミッション、ノンスリップデフを用意した。

■第2回日本グランプリレースでプリンス圧勝

　1964年5月、スズカ・サーキットで行われた第2回日本グランプリレースで、ツーリングT-Ⅴクラスでスカイラインは1位から8位までを独占し圧勝した。T-Ⅵクラスも

第2回日本グランプリで快走するスカイライン1500。1300〜1600ccクラスではまったく他社のクルマを寄せ付けず1〜8位を独占し圧勝した。G1エンジンは98psにチューンアップされ、トータルバランスに優れたクルマだった。

グロリアが1位、2位、4位と上位を占めて第1回グランプリレースの雪辱をとげることが出来た。

　グランドツーリングGT-Ⅱクラスには急遽本格的レーシングカーのポルシェ・カレラ904GTSがエントリーしてきた。エンジンは水平対向4気筒、1966cc、180ps、最高速260km/h、FRPボディで地を這うようなスタイルで車重わずか650kgの怪物マシンだった。前日の予選でクラッシュしたボディを応急修復して決勝に臨んできた。スカイラインGTはウエーバー3キャブを装着し152ps／6800rpmにチューンアップしたエンジンを搭載していたが、デュオサーボ・ドラムブレーキの普通のセダンで、このレーシングカーとの勝負は明白だった。

　しかし、スカイラインに乗る生沢徹選手が7周目のヘアピンでポルシェを抜き去り、メインスタンドにポルシェを従えて現れたとき、大観衆は総立ちになって熱狂的な声援を送った。あの感動は今でもよく覚えている。

　レース結果は、優勝のポルシェに次いで、スカイラインGTが2位から6位を占めた。このGTレースは、日本のモータースポーツ史のなかで、もっとも感動的なシーンとして多くの人の記憶に残り、スカイラインの評判を高めると同時に、その後のスカイラインの運命を決めることになったといえよう。

　その後、ポルシェとのグランプリレースの場での対決は、1966年第3回日本グラン

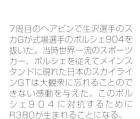

第2回日本グランプリでデビューしたスカイラインGT（S54-Ⅰ）。内外のスポーツカーを相手にポルシェ904に次いで2～6位を占めて走りのスカイラインのイメージをつくった。タイヤは英国ダンロップのR6を履いた。ゼッケン41のドライバーは生沢選手。

7周目のヘアピンで生沢選手のスカGが式場選手のポルシェ904を抜いた。当時世界一流のスポーツカー、ポルシェを従えてメインスタンドに現れた日本のスカイラインGTは大観衆に忘れることのできない感動を与えた。このポルシェ９０４に対抗するためにR380が生まれることになる。

第3回GPでR380とポルシェ906。

第3回GPグリッド。手前2台がR380。その隣がトヨタ2000GT、その右がフェアレディS。

68年GP優勝の北野選手のR381（上）。リアサスペンションとブレーキに連動して作動するリアウィングが特徴で、コーナーでは車体ロールを抑え、ブレーキング時はウィングを立てて空気抵抗で制動を助ける。V12エンジンが間に合わず急遽ムーンチューンのシボレーV8・5.5リッター455psを搭載した。
69年R382（下）。第6回GP優勝の黒沢選手。6リッターV12エンジンを搭載し車体全体をウェッジ状にしてダウンフォースを発生させた（ウィング禁止のため）。当時世界トップクラスのポルシェワークスのシェファートの917を抑えたのは価値ある勝利だった。

ライバルとなったレーシングポルシェ。上から67年第4回日本GPポルシェ906・生沢選手。68年第5回日本GPポルシェ910・生沢選手。69年第6回日本GPポルシェ917・シェファート選手。

　プリレースでR380-Ⅰがポルシェ906に雪辱し、1967年第4回日本グランプリレースではR380-Ⅱが906に惜敗したが、68年R381がポルシェ910、69年R382がポルシェ917を破るなど幾度も繰り返され、ポルシェの走りはスカイラインにも大きな影響を与えることとなった。

　私は量産型S54Bや次期型C10の開発に専念したので、R380の設計には参加出来な

かったが、R381、R382ではサスペンションの設計を担当した。トヨタや日産と違って、所帯の小さいプリンス自動車は、レース車両の開発を櫻井グループが担当していたので、スカイライン担当の技術者は生産車とレース車を掛け持ちで担当するのは当然のことであった。

■本格的なGTをめざしての開発

レースに出場するために、急遽100台造ったスカイラインGT（S54-Ⅰ）は、レースに使用した残りを市販することになったが、グランプリレースの評判ですぐ売れた。そこで、本格的なGTをめざして、このクルマの量産型の開発に取り組んだ。

エンジンはグランプリ仕様と同じウエーバー3キャブ付125ps、ブレーキはマスターバック付フロント・ディスクブレーキ、リアはリーディング・トレーリングタイプのドラムブレーキとして、効きと安定性を確保、前後サスペンションにスタビライザーを装着した。強大な駆動力によるリーフスプリングのワインドアップで発生する後輪のパワーホップを防止するため、リーフスプリングの上部にトルクロッドを設置、デュアルエギゾーストなどレース対応の高性能シャシーとした。

このスカイライン2000GT（S54B-Ⅱ）を1965年（昭40年）2月に発売した。8000rpmまで刻んだタコメーターもインストパネルに収めるなど内装も充実しGTとしての完成度を高めた。また、クロスレシオの5段ミッションや15.2のギアレシオの小さいステアリングギア、強化サスペンション、オイルクーラー、大容量燃料タンクやラジエーターなど豊富なレース用オプション部品を揃え、その高性能は"羊の皮を被った狼"といわれ、"スカG"の愛称でマニアのあいだで評判になった。

同年9月にシングルキャブ付105psのスカイライン2000GT-A（S54A-Ⅱ）を発売して一般ユーザー向け"青バッジ"のグランドツーリングカーとし、先に発売しているS54B-Ⅱを"赤バッジ"のスカイライン2000GT-Bとして、モータースポーツやマニア向け

1965年2月に発売
されたスカイライン
2000GT（S54B-Ⅱ）。

全長4255mm
全幅1495mm
WB2590mm
車重1070kg
エンジンG7
最高出力125ps/
5600rpm
最高速度180km/h

スカイライン2000GT用G7エンジン。ウェーバーキャブレター3個を装着して、最高出力125ps/5600rpm、最大トルク17.0kgm/4400rpmを発揮、ＳＯＨＣ6気筒で７５×７５φ1988cc。

スカイライン2000GTのコックピット。GTにふさわしく200km/hまでのスピードメーター、8000rpmまで刻んだタコメーター、油圧、燃料、電圧、水温を表示するメーターを備え、4段フロアシフト(5段をオプション)のスポーティなコックピット。

のGTとして車種を揃えた。

　スカGは1966年5月富士スピードウエイで開催された第3回日本グランプリレースのツーリングカークラスに出場、191psにチューンアップされた高性能なSOHCクロスフローのGR7エンジンで優勝した。その後も、我が国初のGTカーとして数々のレースで活躍するとともに、レースで得た高速耐久性や操縦安定性、空力性能などのノウハウを市販車にフィードバックし、自動車技術の向上に寄与すると同時にスカイラインの先進性、高性能イメージをアピールするクルマとなった。S5系(S50、S54、S57)は年々販売台数を伸ばし5年間で約13万台販売された。

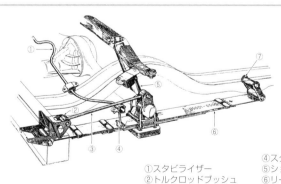

2000GT(S54B·Ⅱ)のリアサスペンション。トルクロッドを装着し、リーフスプリングのワインドアップを防止してタイヤの路面に対するバタツキを抑えた。

①スタビライザー　　　④スタビライザーストラット
②トルクロッドブッシュ　⑤ショックアブソーバー
③トルクロッド　　　　⑥リーフスプリング
　　　　　　　　　　　⑦ラバーブッシュ

GR7、クロスフローエンジン。現在では常識の、燃焼効率の良い燃焼室と吸排気効率の高いクロスフロー式のエンジンを開発してレースに参戦し、そのノウハウをもとにOHC4気筒1500cc88psのG15エンジンを開発した。

　S54は私が初めてシャシーの実務を担当した思い出の深いクルマである。第2回日本グランプリ用に急遽つくったS54-Ⅰ、そしてフロントに初めてS16型ディスクブレーキを取りつけ、ギリギリのスキマで成立させたステアリング・ナックルや、フロントに無給油メタルブッシュ、リアにスタビライザーとトルクロッドを設定してより高い高速操縦安定性を目指したS54Bのサスペンションの設計のことなどは、今でも鮮明に覚えている。

　トルクロッドは強大な駆動力によるリーフスプリングのワインドアップによって発生するホイールのパワーホッピングを抑えるもので、ホイールが単純に上下するときはトルクロッドに無理な軸力が発生しないように配置する必要があり、慎重に位置を決めた。リーフスプリングのたわみによるアクスルの軌跡を計算で求めながら、バルサ材でスパンが1／2のリーフスプリングの模型をつくり、計画図の上で軌跡を確認した。我ながら傑作だと思っている。

2-3. 3代目スカイライン（S7・C10）の開発

■プリンス最後の企画

　誇りあるプリンスの象徴をグロリアに譲った2代目スカイラインは、走りを重視した高性能スカイラインとして認知された。とくにレースで培われた小さなボディに高性能6気筒2000ccエンジンのGTは、スカイラインの新しい目玉となった。

　このため、3代目となるスカイラインの開発では、最初からファミリーカーとしての直列4気筒エンジン搭載車であるS7と、パワーのある直列6気筒エンジンを搭載するGTであるS74との2本立てとなった。

　S7は、モータリゼーションの拡大に合わせて、2代目よりひとまわり大きいサイズのクルマとして企画された。S5に対しホイールベースと全幅を100mm拡大し、より

スカイライン1500デラックス（上）、スカイライン 2000GT（下）。箱形スタイルで"ハコスカ"と呼ばれた。 1500cc車は4気筒エンジンでボンネットが短かった。

G15エンジン。直列4気筒SOHCクロスフ ロー1483cc88ps/6000rpm。1968年 自動車技術会より技術賞を受賞した。

上級化、国際化を目指したファミリーセダンとして、1965年（昭40年）初頭から開発 に取り組んだ。

　私はサスペンションを含めてシャシー全体計画を担当することになった。入社し てから7年、まだ開発エンジニアとしては経験があるほうとはいえなかったが、シャ シー全体の設計を担当するのは願ってもないことであった。

　エンジンは新開発の直列4気筒SOHCクロスフローのG15を搭載し、輸入自由化と高 速道路の整備に伴い、外国車に対抗できる100マイルカーを狙った。開発をスムーズ に行うため、新エンジンは車両に先行して現行モデルに搭載された。1967年（昭42年） 発売のS57である。

　直列6気筒G7エンジン搭載のGT（S74）は、ホイールベースを4気筒車S7より150mm 長い2640mmとし、S54に対して車両のアスペクトレシオ（縦横比）を改善し、高性能 車に相応しい4輪独立懸架で計画した。

（1）フロントサスペンション

　フロントサスペンションは、S5の改良型としてダブルウィッシュボーンタイプを 検討していたが、6月に課長として車両設計2課に来られた櫻井眞一郎さんの指示で、 ストラット型でスタートした。ストラット型は構造が簡単・軽量で車体への取り付 け点が分散されるのでホイール・アライメントの狂いが少なく、生産性、整備性が 良いなど多くのメリットがある。一方で、アライメントの設計自由度が少ないこ

と、ストラット・ピストンロッドのフリクションや摩耗が懸念されることもあり、DPSKの経験を参考にレイアウトを検討した。

　当時舗装道路の整備や高速道路の建設が進みつつあったが、まだまだ悪路走行を考えた柔らかいバネで大きなストロークのサスペンション設計が必要だったので、サスペンションアームを長くして、キャンバーやトレッド変化を極力少なくした。トーインもホイールの上下動でほとんど変わらないコンスタント・トーとし、ロール・アンダーステアになるように、わずかにバウンド・トーアウトの特性を持たせた。参考車として、本場マックファーソン・ストラットのドイツフォード・タウナスの研究もした。

　S5スカイラインで初めて採用したシャシーの無給油化は、S7では10万km無給油として名実ともにメンテナンスフリーとした。

　6気筒車GT(S74)は、基本レイアウトは4気筒車と共通であるが、重量や走行条件を考慮してスピンドルやバネ、スタビライザーなどは強化部品とすることで計画していた。

(2)リアサスペンション

　4気筒車S7のリアサスペンションは、S5同様リーフスプリングによるリジッドアクスルとするが、遮音や防振ラバー・インシュレーターの採用や改良を行って乗り心地と静粛性の改善を図った。

　6気筒車GT(S74)のリアサスペンションは高性能車にふさわしい独立懸架にすることにした。レースで活躍中のS54Bの後継として、ヨーロッパのスポーツカーは4輪独立懸架車が増えていたし、国内でもいすゞベレットが独立懸架を採用していたので、新型スカGは当然独立懸架で行くべきと考えていた。

　ベレットはダイアゴナル・スイングアクスル方式で、ドライブシャフトが伸縮しない構造の簡単さがあるものの、トレッドやキャンバー変化が大きく、ベンツのシングルポイント・スイングアク

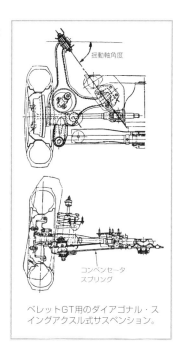

ベレットGT用のダイアゴナル・スイングアクスル式サスペンション。

スル同様、うねり路での横揺れや、旋回時外輪に大きな横荷重がかかるとジャッキアップ効果で車体を持ち上げてタイヤのグリップ力が減り、スピンしやすくなる欠点があった。

プリンスには、S4グロリアのボールスプライン式ドライブシャフトがあるので、S74はタイヤの接地面が変化しないようにトレッドやキャンバー変化を緩やかに設定できるセミトレーリングアーム式独立懸架で計画していた。

しかし、こうした計画は、プリンス自動車が日産と合併することになって、その影響を受けることになった。この後は、日産のなかでの車両開発となる。

■日産と合併のニュース

1965年(昭40年)5月末、自宅のラジオで日産とプリンスが合併するニュースを聞いた。一瞬、なぜ日産と合併しなければならないのか理解できなかったが、とくに悲壮感はなかった。日本グランプリで圧勝していたし、スカイラインGTなど技術では負けていないとの思いがあったからかもしれない。上層部の人たちは事前に合併のことを知っていたかもしれないが、少なくとも設計部門ではわれわれの上司も含めて、突然のことであった。

合併が発表された後も、会社では今までと変わらずS7の開発業務を続けた。社内では、我々は良いクルマを開発するのが仕事であり、日産に負けないクルマをつくるという自信もあった。

日産とプリンスの合併を伝える広告。

9月頃から、合併効果を出すための両社の上層部による折衝が始まり、プリンスの次期型スカイライン(S7・C10)と日産次期型ブルーバード(510)、新型車ローレル(C30)との仕様、工順、原価・収益、部品共用化などの検討が行われた。

さらに、エンジンに関しても、日産H20、L13、L20型エンジンとプリンスG2、G15、G7型エンジンの比較検討などが行われた。合併による効果を出すためには、これまで通りに多くのエンジンをつくり続けることが得策ではなかったからである。

実際の設計の仕事は、日産は横浜・鶴見で、プリンスは東京・荻窪で行っていた

が、合併の発表後も、日常的な業務に関しては、これまでの連続であった。

■スカイラインとブルーバードの足回りの共用化

(1)フロントサスペンション

しかし、開発中のスカイラインは合併により大きく影響を受けることになった。

1966年(昭41年)7月中旬の夕方、櫻井さんが日産・鶴見設計から新型ブルーバードの図面の入った大きなふろしきを抱えて帰ってこられた。残業していた私の机の前に座って、次期型スカイライン(S7)にブルーバードの部品との共用を検討するよう指示された。

次期型スカイラインは6月に試作車が出来て実験を開始したばかりの段階であった。自分では意識しなかったが、一瞬私の顔が引きつったと、後で櫻井さんにいわれた。量産化では日産が一歩も二歩も進んでいたので、これからのスカイラインの発展を考えたら日産車との部品の共用化の必要性も理解できた。

ブルーバードの図面を見ると、S7とフロントは同じストラット・サスペンションだったが、何点か疑問なところが気になった。サスペンションアームが短かく、ホイールストロークに対してキャンバーとトレッド変化が大きいと推察された。走行

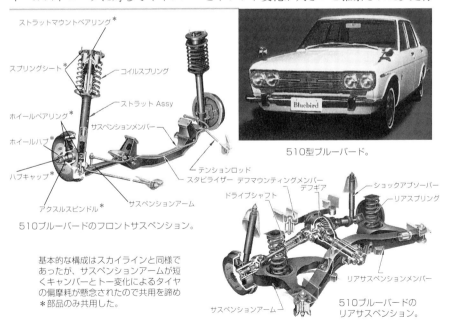

510型ブルーバード。

510ブルーバードのフロントサスペンション。

ストラットマウントベアリング*
スプリングシート*
コイルスプリング
ホイールベアリング*
ストラット Assy
ホイールハブ*
サスペンションメンバー
ハブキャップ*
テンションロッド
スタビライザー
アクスルスピンドル*
サスペンションアーム

基本的な構成はスカイラインと同様であったが、サスペンションアームが短くキャンバーとトー変化によるタイヤの偏摩耗が懸念されたので共用を諦めた
*部品のみ共用した。

デフマウンティングメンバー
デフギア
ショックアブソーバー
ドライブシャフト
リアスプリング
リアサスペンションメンバー
サスペンションアーム
510ブルーバードのリアサスペンション。

安定性やタイヤの偏摩耗などが問題になるように思われた。さらにラバーブッシュが片持ちでスタビライザー・ブッシュのように外筒が半割分割タイプであったので、捩り角度も大きく耐久性が問題だと思った。

　そのほかにも、部品図が部品メーカーに対する仕様図だったので詳細が不明なことなど図面の書き方がプリンス自動車のものとは違っていた。プリンスでは部品図まで詳細に設計で書いていたが、日産では仕様図にしたがって部品メーカーが、製造ノウハウを入れて部品図を書いていた。

　いずれにしても、今まで検討してきたサスペンションに対する基本的な考え方と異なる点があり、同じストラット式であるにしても、ブルーバードのものをそのまま使用するためには、車体の大幅な設計変更を要することなどから、サスペンションAssyで共用することは無理だと判断せざるを得なかった。とても、そこまで妥協することは出来なかった。そこで、アクスル・スピンドル(車軸)やホイールベアリング、ストラットなどの構成部品のみを共用することにしたいと、櫻井さんに申し上げた。櫻井さんも同様な意向を持っていたようで、私の意向を了解してくれた。

　共用するブルーバードのアクスル・スピンドルは、ストラットとの角度や寸法が少し異なっていたので、ホイールアライメントの計

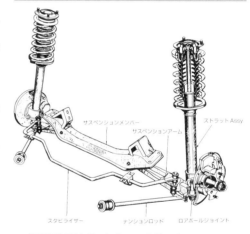

GC10用のストラット式フロントサスペンション。

基本的には510ブルーバードと同じであるが、車体への取り付け上ほとんどの部品は別物となった。共用部品はサスペンションアームのプレス部品とラバーブッシュ、ボルト類のみとなった。

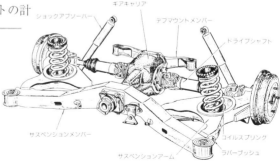

GC10用のセミトレーリング式リアサスペンション。

算や、ほとんどの部品の設計をやり直す必要があった。大至急で設計をやり直すためには夏期休暇を犠牲にせざるを得なかった。

8月1日に合併して、日産自動車プリンス事業部となった直後に直列4気筒用フロントサスペンションは、Assy図面まで作成して設計変更を完了した。3週間の大仕事だった。ブルーバードと共用した部品は、アクスル・スピンドル、ホイールベアリング、ホイールハブ、ハブキャップ、スプリングシート、ストラットマウント・ベアリングなどで、ストラットは長さと減衰力を違うものにした。同時に、試作車の改修手配を行い、開発の遅れを最小限にとどめた。

直列6気筒のGTは、当初はプリンスで開発したG7型直列6気筒エンジンを搭載する計画であったが、日産L20型エンジンを搭載することになった。同じ排気量で直列6気筒エンジンをそれぞれ別に使用するのでは、合併した効果を上げることができないことになるからだ。

櫻井さんが課員全員を集めて、日産のL20型エンジンのほうがショートストローク、7ベアリングでGT用エンジンに相応しいので採用することにしたと説明された。機種統合による合併効果を出すためだったのはいうまでもないが、いささか苦しい説明であることは我々にも伝わった。櫻井さんにしてみれば、このように説明せざるを得なかったのであろう。おそらく本人自身も、その説明を信じていたのではないと思われた。

しかしながら、盲目的な妥協をせず日産の部品を使いながら、プリンスの伝統にたったクルマづくりの技術を残す決断をしたことが、合併後もスカイラインを単独車種として存続できた要因になったと思っている。

もしフロントサスペンションもそのまま共用していたら、ブルーバードと同様にラバーブッシュの耐久性やタイヤの偏摩耗などのクレーム問題が発生し、次期型スカイラインが単独では存続できなかったかもしれない。

一方で、日産では510型の次期型ブルーバードU610型は、フロントサスペンションを改良し、それまで直列4気筒エンジンしか搭載していなかったものを、スカイライ

スカイラインGTに搭載したL20型エンジン。直6OHC、78×69.7mm、1998cc、105ps/5200rpm、16.0kgm/3600rpm。

ンGTを見習って直列6気筒L20型エンジンを搭載し
たロングノーズの2000GTを追加した。しかし、こ
れはブルーバードのブランドイメージと同調せず
に、2代で廃止になった。

スカイラインGTのフロントサスペンションは基
本的には4気筒車と同じであるが、アクスル・スピ
ンドル、ホイールハブ、ホイールベアリングなど
は、レース出場も考慮してGT専用の強化型を新設
し、ストラットはピストンロッド径を20mmから
22mmにサイズアップした。スプリング、スタビラ
イザー、ショックアブソーバー減衰力などはGTに
ふさわしいスペックに新設計し、タイヤは6.45S-14-

愛のスカイラインの宣伝広告。

4PRロープロファイル・チューブレスSタイヤを採用した。GTの試作手配は1967年(昭
42年)1月だった。

(2)GT用リアサスペンション

ブルーバードのリアサスペンションは、スカイラインと同じセミトレーリング
アーム式だった。つまり、どちらもサスペンション形式としては前後とも同じ独立
懸架だったので、これも部品の共用化が図られた。

当初の設計では、ブルーバードのリアサスペンションは、揺動軸の角度25度のセ
ミトレーリングアーム式で、スカイラインGTは揺動軸角18度のセミトレーリング
アームでキャンバー変化がより緩やかな特性になることを狙っていた。しかし、ま
だ設計段階だったので、ブルーバードの独立懸架を基本にして設計変更することに
した。

しかし、スカGの車体の基本構造は4気筒リーフスプリング・リジッドアクスル車
と同じだったため、ブルーバードのものをそのままでは載せることが出来なかっ
た。サスペンションメンバーは車体のサイドシルの内側に収めるためと、2本のエギ
ゾーストパイプを下に通すため別ものとした。また、デフもブルーバードのR160に
対してスカイラインGTは1ランク上のR192であり、アクスルシャフトやホイールベ
アリング、アームに溶接されたアクスルハウジングもサイズアップした強化型にす
る必要があった。ショックアブソーバーはトランクフロアとの関係でブルーバード
のように垂直に配置出来ず、トランクフロア下に斜めに傾斜させて取付けるなど、

結果として共用できたのはサスペンションアーム単体プレス部品とラバーブッシュだけとなった。

2-4. ニッサン・スカイラインとして登場

■驚異のGT-Rデビュー

1968年(昭43年)7月、3代目スカイラインC10が、ニッサン・スカイラインとして登場、3カ月遅れて10月にGC10が発売された。

C10は2代目(S50系)に対してホイールベースと車体幅を100mm大きくし、ローレルとブルーバードの中間に位置してトヨタに対抗するクルマとなった。小型上級車としてバリエーションを広げ、スカイラインの人気を大いに盛り上げた。

翌1969年(昭44年)2月、S54Bの後継として、高性能4ドア・スーパースポーツセダンのGT-R(PGC10)が登場した。プロトタイプレーシングカーR380のGR8エンジンの技術を受け継ぐ直列6気筒DOHC4バルブ、1989ccのS20型エンジンを搭載しソレックス3連キャブレター、ステンレス等長エギゾーストマニフォールドなどで、当時の市販車では驚異的な最高出力160ps／7000rpm、最大トルク18.0kg-m／5600rpmを

スカイラインGT-R(写真はKPGC10)。

160psを誇る直6DOHC2000ccのS20型エンジン。

スカイライン2000GT-Rのコックピット。

発揮した。

　ポルシェ・シンクロの5速M/T、LSD（リミテッドスリップデフ）を標準装備し、リアフェンダーのサーフィンラインをカットしてGC10に対してトレッドを44mm広げて、走りの性能を一段と高めた。前後スプリングのバネ定数とショックアブソーバーの減衰力を上げるとともに、ステアリング・アイドラアームブッシュをラバーからデルリン樹脂に変更してステアリング剛性を高め、俊敏なハンドリング性能を持たせた。

　キャップレスホイールに6.45H-14-4PRチューブレス高速Hタイヤを装着して最高速200km/hを誇った。ブレーキはGTと同じフロント・ディスク、リアはリーディングトレーリングのドラムブレーキを採用したが、サーボ・アシストは確かな制動感覚を重視して外された。このクルマはサーキットを走るためだけにつくられたモデルでラジオ、ヒーターさえ付いていなかった。

　スカイライン2000GT-R（PGC10）は1969年5月のJAFグランプリでレースデビュー

1969年5月のJAFグランプリレース。GT-Rのデビューレースに富士スピードウエイは大観衆で埋まった。

スカイラインGT-R（PGC10）（中）。

2ドアハードトップとなったGT-R（KPGC10）（左下）。

マツダロータリーとGT-Rの戦い（右下）。

し、トヨタ1600GTを降して初陣を飾った。

その後、連戦連勝で10月に行われた1969年日本グランプリのTSレースではルーカス製フューエルインジェクションを装着して220ps／8400rpmを発揮し、1～8位までを独占してGT-Rの強さを見せ付けた。

翌1970年から軽量コンパクトなマツダ・ロータリークーペがライバルとしてGT-Rを脅かすようになった。日産は同年10月にスカイライン初の2ドア・ハードトップを発売し、GT-Rは2ドア・ハードトップのKPGC10に切り替えた。

それまでの4ドアPGC10に対してホイールベースを70mm短縮し、車高を15mm低くして20kgの軽量化を図り、空力性能及び運動性能を向上させて戦闘能力を一段と高めた。リアに樹脂製のオーバーフェンダーを装着し、全幅を1655mmとしてワイド・レーシングタイヤが装着できるようにした。GT-Rは2年10ヵ月で50勝を飾り、レースでの活躍はスカイライン神話として後々まで語り継がれているのはご存知の通りである。

■日産の主力車種に

3代目スカイライン（C10型）はハコ型でサーフィンラインをもつ個性的かつオリジナリティのあるスタイルと、他をリードする高性能でスカイラインのイメージを高め、6気筒2000ccエンジンと4輪独立懸架のGTがスカイラインの主役として定着し、名車としての評価を確たるものにした。"愛のスカイライン"の愛称でヒットし、4年間で約35万台販売され、日産の主力車種となった。

一方で、GT-Rの存在がレースで勝つこと、他の追随を許さぬ走りを宿命付けられることとなり、その後の時代や環境の変化に対するスカイラインのクルマづくりの難しさを提起することになったといえよう。

2-5. 4代目C110ケンメリ・スカイライン

■ベストセラーに成長

1972年（昭47年）9月に発売されたC110は、基本コンセプトはC10を継承しているが、このモデルから日産のなかでの企画となり、開発は従来通り荻窪設計部隊である。

先代で確立したスカイラインの高性能イメージを維持しつつ、販売台数を増やすため、ポピュラー性のあるラグジュアリー車の雰囲気を強めて、ユーザー層を広げることにした。さらに、日産の小型上級車としてローレルとの共通化を進め、村山

ケンとメリーのスカイライン。登場

愛のスカイライン

4代目スカイライン2000GT（GC110）。スカ
イラインのアイデンティティである丸型4灯式
テールランプはこのモデルから採用された。

このモデルはケンメリ・スカイラインと呼ばれた。

工場の生産合理化、生産性の向上に力を入れた。

　車両は全長を45（4気筒）〜60（6気筒GT）mm延ばし、ホイールベースも4ドアセダン
と2ドアハードトップは同じにして合理化し、4気筒と6気筒のホイールベース差
100mm（前輪位置差）、2代目ローレル（C130）とGTのホイールベース差60mm（後輪位置
差）で車体アンダーフロアの共通化を図った。上級らしい洗練されたスタイルとし
て、特徴のサーフィンラインも新しいアイデアで表現した。スカイラインのアイデ
ンティティとなる丸4灯テールランプは、このモデルから採用された。

　エンジン、シャシーは基本的には先代を流用したが、GTに初めて19.0〜22.5の可変

4代目スカイライン2000GT
ノッチバックの4ドアセダン（上）
とファストバックの2ドアハード
トップ（下）。
先代の走りを意識したスタイル
から、より一般好みするラグジュア
リーな雰囲気になり、販売台数を
増やした。東名高速道路などで高
速走行安定性は抜群だったが2ド
アの後方視界は悪かった。

GC110　全長4460mm
　　　　全幅1625mm
　　　　WB2610mm
　　　　車重1125kg
エンジン　L20S 1998cc
　　　　120ps/6000rpm
　　　　17.0kgm/4000rpm

ギア比のRBステアリングギアを採用して、直進時のしっかりした操縦性と据え切り操舵力の軽減を図った。

　なお、GTにパワーステアリングと専用のアルミホイールを採用したのは、1975年秋の昭和50年排気ガス対策車からであるが、他車に先駆けた積極的な新技術採用を継続した。スタイル、装備、走りの性能などによりスカイライン人気が定着し、"ケンとメリーのスカイライン"の愛称も受けて、月販2万台を超えることもあり、小型上級車のベストセラーの仲間入りを果たした。

■安全・公害対策への対応

　一方、1970年代は自動車の安全性や公害対策が求められる時代だったため、高性能スカイラインにとっては苦しい時期となってきた。1973年(昭48年)1月、新型GT-R(KPGC110)を発売したが、排気ガス対策のため約200台で生産中止となった。KPGC110はエンジン、シャシーは先代とほぼ同じであるが、全幅は1695mmで小型車枠一杯の大きさとし、ファストバック・スタイルで前後オーバーフェンダー、リアスポイラー、4輪ディスクブレーキ、175HR-14ラジアルタイヤなどで魅力的なクルマだった。

　スカイラインは1975年(昭50年)秋、昭和50年排気規制対策としてNAPS(ニッサン・アンチ・ポリューション・システム)を搭載した。これは未燃焼ガスを燃やすための2次空気導入、燃焼改善などのエンジン改良＋EGR＋酸化触媒によるCO、HCなどの削減対策で、エンジン出力の低下、燃費の悪化、排気ガス温度による耐熱対策など開発は大変な苦難であった。

　直列4気筒エンジンの昭和51年排気対策(NOx)は、エンジンをプリンス開発のG型

ケンメリGT-R(KPGC110)。先代に対し4輪ディスクブレーキやラジアルタイヤで進化したが、排気ガス対策のためレースに出ることもなく生産中止となった。全長4460mm、全幅1695mm、WB2610mm、車重1145kg。エンジンS20 1989cc、160ps/7000rpm、18.0kgm/5600rpm。

から日産L型に統合するなど開発は排気ガス対策に追われ、モデルチェンジは通常の4年を約1年遅らせることとなった。

　モデル末期は、排気ガス対策のため、走りの性能を期待されるスカイラインにとっては、技術的な進化が少なく苦しい時代となった。しかし、この条件は他社も同様であったため、スカイラインの優位性は維持された。また、スカイラインのスポーティイメージが先代に比べて薄れたといわれているが、GT-Rによるレースでの華々しい活躍はなかったけれど、スカイラインが大人に成長し、多くの人に愛されるトップブランドのクルマになったことは確かである。

　"ケンとメリーのスカイライン"の愛称で親しまれた4代目C110型は、4年11ヵ月で約67万台と歴代で最高の国内販売を記録した。スカイライン人気はS54スカGで種を蒔き、愛のスカイラインC10型で花が咲き、ケンとメリーのスカイラインC110型で実を結んだと思っている。これにより、日産のなかでもスカイラインのポジションを不動のものにすることができたのである。

2–6. 5代目C210"ジャパン"

■自動車冬の時代に開発

　1977年(昭52年)8月に誕生した5代目スカイラインC210は、1973年(昭48年)10月に勃発した第4次中東戦争で石油減産と原油価格の急騰による第1次石油ショックが発生し、排気ガス対策、安全対策に加えて省エネ対策が急務となり、自動車にとっては厳しい冬の時代に開発に着手した。

　伝統のスカイラインイメージの強化と、前モデルよりさらに3代目ローレル(C230)とプラットフォームの共通化を進め、生産の合理化、コストダウンを推進した。さらに、開発の効率化と鶴見地区開発の車種と統合化を進めるため、空調ユニットや電装部品など810型ブルーバードとの部品共用化も進めた。

5代目スカイライン(GC210、C210)のポスター。スカイラインは日本の風土が生んだクルマということを意識して「スカイライン・ジャパン」というキャッチフレーズを使った。

　フロントサスペンションは先代と同じストラット型であるが、スチールラジアル

4ドアスカイライン2000GT（HGC210）（上）と2ドアハードトップ（KHGC210）（下）。パワーユニットやサスペンションは先代モデルを踏襲しているが、スタイルは走りを強調するものに戻した。排気ガス対策、衝突安全対策、省エネルギー対策に対応するため走りの性能が犠牲になりがちであった。

HGC210　全長4600mm
　　　　全幅1625mm
　　　　WB2615mm
　　　　車重1210kg
エンジン　L20E　1998cc
　　　　130ps/6000rpm
　　　　17.0kgm/4000rpm

タイヤの採用を考えてテンションロッド・ブッシュのバネ特性を柔らかいものに改善した。4気筒車のリアサスペンションはバンを除き4リンク・コイルスプリング式を採用し、ブルーバードと同様にスプリングとショックアブソーバーを同軸に配置したGTを含めて乗用車は前後共コイルスプリングとなった。水平ゼロ指針メーターはこのモデルから採用された。

　翌1978年8月、排気ガス対策で最も厳しいといわれた昭和53年規制（NOx0.25g/km）をクリアするシステムのNAPS-Zを採用した。直列6気筒系は電子制御ECC、EGI＋EGR＋三元触媒で排気規制をクリアし、直列4気筒系はL型Zエンジン（2プラグ急速燃焼＋大量EGR＋酸化触媒）を採用して排気規制を乗りきった。

GTに採用したL20ETターボエンジン（右）。最高出力は145ps最大トルク21.0kgmを発揮した。ヒューンというターボノイズも人気になった。

Z18NAPS-Zエンジン。NOx低減のためL型エンジンをクロスフロー2プラグにして、大量のEGRで燃焼温度を下げるNAPS-Z4気筒1800cc105ps。

■ターボエンジンを搭載するもトヨタの追跡に苦戦

　1970年代後半は、衝突時の安全対策や石油ショックによる省エネ対策、そして排気ガス対策とクリアすべき課題が多く、その対策で車重が増え、排気ガス対策や省エネ対策で動力性能を確保することは大変厳しい時代だった。走りのスカイラインに期待される新しい技術が採用されず「名ばかりのGTは道をあける」などといわれ、悔しい思いで我慢のときでもあった。

　そして、1979年8月のマイナーチェンジでヘッドランプを丸型4灯式から最新の角型異形2灯式に変更した後、1980年4月に待望の20ETターボ車を追加して、速さをアピールすることができ、スカイラインGTの存在を示した。最高出力145ps／5600rpm、最大トルク21kgm／3200rpmを発揮し、0〜400m加速16.6秒の性能を誇った。しかし、トヨタが新型ツインカムエンジンを投入するのに対して、日産は既存エンジンにターボを追加するだけで、新技術開発への取り組みの遅れを指摘され、残念ながら販売シェアは落ち、企業イメージも低下していった。

　5代目C210型はモデル末期に1.6、1.8リッター4気筒に2リッターを追加、GTに2.8リッターのディーゼルエンジンを追加、さらに目白押しの特別限定車を設定するなどの拡販政策を行い、4年間でトータル約53万台販売した。しかし、年間販売シェアではマークⅡに急追されることになった。

　小型上級車（2000ccクラス）のシェアはケンメリ時代の1976年（昭51年）まではトヨタに対して、日産が60％対20％（76年上期）と圧倒的なシェアを占めていたが、76年末の新型マークⅡの発売からその差が縮まり、排気ガス対策が一段落した後は、チェイサー（77年）、クレスタ（80年）などの新車種やツインカムエンジンなどの新技術を投入してきたトヨタに追跡されて、1980年に販売台数で抜かれ、単独車種でも、スカイラインが高級路線のマークⅡに逆転されることになった。

2-7. 6代目R30"ポール・ニューマン"

■走りを取り戻した最後の荻窪開発モデル

　走りのスカイラインへの回帰を目指したR30は、直線基調でウエッジシェイプの精悍なスタイルと車幅を40mm広げ、車体構造の合理化や高張力鋼鈑、樹脂バンパーの採用などで軽量化し、走りの性能を取り戻して、1981年（昭56年）8月発売された。

　それまでの4気筒車がショート・ホイールベースであったが、このモデルから車体を6気筒車と一本化し、ローレルとリアフロアの長さ違いでホイールベースを55mm

6代目スカイラインR30。衝撃吸収力
ラードバンパーを採用した2000GT
（右）とコックピット（左）。

KHR30: 全長4595mm、全幅1675mm、WB2615mm、車重1185kg。
エンジンL20ET　1998cc、145ps/5600rpm、21.0kgm/3200rpm。

短縮した以外は、プラットフォームを共通化して生産の合理化を図った。

　エンジンや足回りは基本的には先代の流用であるが、量産車で世界初のハード／
ソフト2段切替のアジャスタブル・ショックアブソーバーを採用して、走りのスカイ
ラインの先進性をアピールした。

　スカイラインに待望のDOHC4バルブエンジンが戻ってくるのは、R30発売2ヵ月後
の1981年10月である。ただし、エンジンは直列6気筒ではなく、シルビアにも搭載さ
れる直列4気筒FJ20Eでシーケンシャル・インジェクション・システムを採用した
150ps／6400rpm、最大トルク18.5kgm／4800rpmだった。

　排気ガス対策の難関を乗り越えて、トヨタをはじめ自動車メーカー各社は新技術
開発に力を入れ、新しくパワー競争が展開されるようになった。

　トヨタ・ソアラの直列6気筒2.8リッターツインカム170psに対して、R30スカイライ

直4DOHC4バルブのFJ20Eエンジン。
φ89×80mm、1990cc、150ps/
6400rpm、18.5kgm/4800rpm。

FJ20Eにターボを装着したFJ20ETエンジン。
日本初の4バルブDOHC＋ターボで190ps/
6400rpm、23.0kgm/4800rpmとなった。

1983年2月DOHC4バルブエンジンにターボを装着し190psを誇ったRSターボ（KDR30）。ホイール／タイヤサイズも15インチへアップし、ブレーキも容量を増して2リッター最強を誇った。同年8月鉄仮面RSとなり1984年2月に空冷インタークーラーを装着して最高出力205ps、最大トルク25kgmをマークした。

ンも、1983年2月にFJ20ターボ付き190psを出して"史上最強"を主張し、1984年2月にはインタークーラー付き205psとして、短期間にバージョンアップを繰り返した。市場から最強、最速を求められるスカイラインにとって、必死でその地位を守ろうとした苦労が窺える。

　5ドア・ハッチバックを加えた豊富な車種や相次ぐ新車種投入による販売促進策にもかかわらず、モデル末期は販売が伸びず、逆にハイソカー路線のマークⅡとの差は広がり、84年から大差がついた。余裕の高級・高性能トヨタ・ソアラや先進の新型ホンダ・プレリュードなどの登場により、スカイラインの魅力が相対的に薄れてきたのも要因であっただろう。

■荻窪から厚木のNTCに統合

　日産は1970年代後半に入ってヒット商品に恵まれず、販売シェアや商品イメージが低下しつつあった苦しい時代が続いた。経営戦略や商品戦略の革新が必要であった。小型大衆車クラスでトヨタとの差を縮め、かつ米国車の小型化、FF化への対応のために、開発資源（人、物、金）を小型FF車にシフトした。

　そのため、それまで日産の強みであった小型上級FR車の技術開発が遅れ、既存ユニットの組み合わせや改良で商品をつくることとなり、強かったこのクラスでトヨ

初代マーチK10、1982年10月発売。

初代プレーリーM10、1982年8月発売。センターピラーレスでスライドドア。8人乗りなどユニークなRV車だった。

広さ121万m²と最新設備を誇る日産テクニカルセンター（NTC）。デザイン、設計、試作、実験などの開発部門を集結し開発力を強化した。走行実験は、テストコースがある追浜、村山、栃木に残す。

タに遅れをとることになった。

すなわち、国内市場の成熟化によって新車需要が伸び悩み、商品の多様化に対応するため、日産は車種バリエーションの拡大（双子や三つ子、ディーラーのフルチャンネル化）や、小型FF車へのシフト（78年/N10、81/T11、B11、82/N12、M10、K10、83/U11など）のためFF用新エンジン、トランスアクスルの開発、および燃費で優勢な対米輸出車の開発などに開発資源を重点的に投入した。

私は1981年（昭56年）から新モデルのM10プレーリーとK10マーチの開発主管としてFF車担当となった。FF車は居住性や経済性に優れた実用的・合理的なクルマとして応用範囲の広い有望なクルマになると思った。またM10は日産車体、K10は鶴見設計で開発したので荻窪設計と異なる人脈や文化に接し、大変良い経験ができた。

開発プロジェクトの大幅な増加で、開発体制の革新も必要となり、1979年（昭54年）1月合併後初の開発部の統合と商品開発室を設置する開発組織の変更を行った。すなわち、それまでの第1車両設計部（セドリック、ブルーバードなど）、第2車両設計部（サニー、商用車など）、第3車両設計部（ローレル、スカイライン、パルサーなど）という体制から商品の企画計画部隊を商品開発室に統合し、各車両設計部に所属していた機能設計を、シャシー設計部、車体設計部、艤装設計部に統合して全車種を横断的に担当するようにした。

そして、1981年（昭56年）暮れに横浜・鶴見と東京・荻窪に分かれていた開発部門を厚木の日産テクニカル・センター（NTC）に移転統合した。限られた開発資源を有効に、効率良く活用するための改革で、開発能力は拡大したが、一方では個々の商品に対する担当者の帰属意識や愛着が薄れるとの懸念もあった。

これにより、名実ともに日産とプリンスが統合し、人事的にも一緒になったのである。合併して15年、鶴見・荻窪・追浜・村山に分散していた開発部隊が集結し、やっと世界企業として本格的な開発体制が整うことになった。ただし、形が

できても、世界に誇れる商品を生み出す中身、『創造と挑戦の開発経営』が必要だと思った。

■新技術を渇望されたFR

　実際にFR車の新技術開発が遅れ、先進性、高性能を求められるスカイラインにとって、苦しい時代であった。市場が余裕を示す高級化志向もあって、スカイラインの強みや魅力が薄れてきたのも確かであろう。4年間で約40万台販売されたが、国内販売ベスト10の常連であったスカイラインは1978年（昭53年）の3位をピークに年々順位を下げ、ついに1984年（昭59年）からベスト10を外れた。

　初の5ドア・ハッチバックの設定や豊富な車種バリエーションでスタートしたR30であるが、GTに4気筒DOHCエンジンの搭載とトップモデルの矢継ぎ早のバージョンアップ、さらにモデル末期の4気筒ハイサルーン限定車の投入（84年/下1.8・比率53％）などの販売戦略が苦戦状況を示しており、ユーザー心理や栄光のスカイラインのブランドイメージに与えた影響などを考える必要があっただろう。

　この時期、私はFF車を担当していたので、スカイラインが苦戦しているのを外から見ているよりほかになかった。

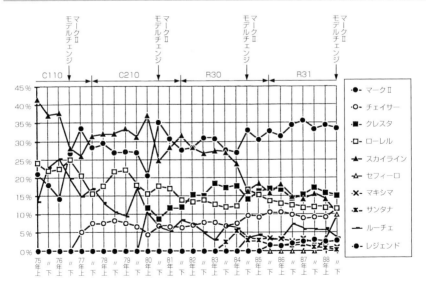

小型上級車のシェア推移。1976年上半期まではスカイラインが圧倒的なシェアを獲っていたが、マークⅡに追跡されて拮抗し、80年から逆転され、84年から大差がついた。マークⅡ三兄弟の伸びが目立つ。

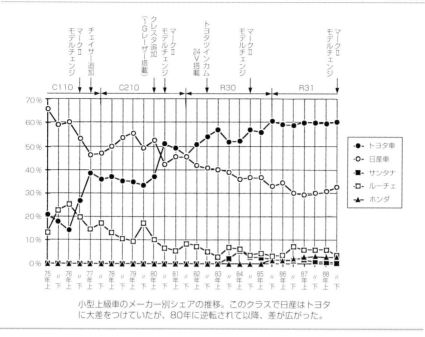

小型上級車のメーカー別シェアの推移。このクラスで日産はトヨタに大差をつけていたが、80年に逆転されて以降、差が広がった。

　1983年夏にある自動車誌のインタビュー時に、日産の技術、特にサスペンションは他社に遅れをとっているとの指摘があったので"日産には走りを得意とするR30スカイラインがあり、タイヤの開発にはR30を使っているところが多い"と反論したら、"伊藤さん、本心そう思っていますか"といわれてギクッとしたことがある。

　考えてみれば、スカイラインGTのサスペンションはフロント・ストラット、リア・セミトレーリングアームで、15年も前に私がGC10を設計したときから基本的に変わっていないし、サスペンションとしての進化はあまりない。他社では新しいダブルウィッシュボーン・サスペンションや電子制御サスペンションなどを開発して操縦性安定性や乗り心地などシャシー性能のレベルアップを図ってきており、走りのスカイラインにこそ、最新技術を与えてやらなければならないと強く思ったものだった。

第3章 スカイラインの主管として

3-1. 7代目スカイラインR31の開発

　スカイラインは旧プリンス設計の荻窪地区で開発されていたが、7代目となるR31は、開発部隊が神奈川県の厚木にあるNTCに移転統合してから企画・開発されたモデルとなる。

　私は4代目ローレル(C31)の開発を終え、1981年から3年間FF車(M10プレーリー、K10マーチ)の開発主管だったので、R31の企画には関与できなかったが、1984年からローレル(C32)とレパード(F31)担当となって、FRグループに戻った。C32、R31、F31の三車は共通のプラットフォームで、トヨタのハイソカー、マークⅡ三兄弟とソアラに真正面から勝負する企画のクルマだった。

■スカイラインの主管となる

　1984年(昭59年)12月に商品開発室で車両開発を統括し、スカイラインの主管だった櫻井さんが病気で入院されたので、急遽私がスカイラインの開発業務を代行することになった。一時のピンチヒッターだから櫻井さんが出てこられるまでのつなぎとして、宿題事項などをスカイラインプロジェクトのメンバーに聞きながら、また決定すべき事項は櫻井さんならこう決断するだろうと考えながら、業務を進めていくことにした。

　R31は翌年8月発売に向けて開発の最終確認中であり、開発品質のまとめ、生産準備、販売活動の詰めの段階だった。また、官庁への新型車届出申請の日程も2月末に

ローレルC32。1984年10月発売の5代目ローレル4ドアピラーレスハードトップ。直線基調の堂々としたスタイルで豪華高級感を出したが、デザインの好みもあり、ハイソカー・マークⅡの勢いを止めるまでに至らなかった。新開発のRB20Eエンジンはトータルバランスに優れ、好評だった。

2代目レパードF31。2ドアクーペに1本化しV6.3リッターDOHCエンジンを搭載し、高級スペシャリティーカーとしてトヨタ・ソアラに対抗した。エンジン以外はR31の2ドアと共通のプラットフォームで、テレビの"あぶない刑事"で人気があった。

迫っていたので、届出資料の作成も急務だった。

　年が明けて、スカイラインの主管もやれとの話があり、一瞬躊躇した。私はスカイラインに憧れて会社に入り、幸いにもスカイラインの設計に長く携わることができたが、私にとってスカイラインは、イコール櫻井さんであって、スカイラインをやる人は櫻井さん以外にないと思っていた。まさか自分がスカイラインの開発の中心になってやろうなんて考えてもいなかったし、櫻井さんの後をやる自信もなかった。

　私は、それまで他のクルマの主管をやってきたし、今はローレルとレパードを担当しており、クルマづくりはスカイラインでなくても十分やり甲斐があると思っていたのだ。しかし、誰かがやらなければならない。スカイラインは長い歴史と、栄光と輝かしい伝統のあるクルマであり、その歴史をみても大変難しいクルマである。急に路線が変わっても困るのでプリンス時代から関わり、櫻井さんとともにスカイラインの難しさをよく知っている私がやるしかないと決断し、引き受けることにした。

　1985年(昭60年)から正式にローレル、レパード、スカイライン3プロジェクトの開発主管になった。

■R31スカイラインの狙い

　R31開発の狙いはトヨタに奪われた小型上級車のシェアを奪還するために、C32ローレル・R31スカイライン・F31レパードでマークⅡ三兄弟とソアラの高級車路線に対抗する戦略をとることだった。すなわち、マークⅡ三兄弟にはローレル、スカイラインの高級・高性能4ドアセダン、4ドア・ハードトップと後から出すスカイラ

イン2ドアクーペで、ソアラに対してはスカイライン2ドアと共通のプラットフォームにV6・DOHCエンジンを搭載したレパードで対抗する戦略である。

　トヨタに遅れをとっていたFR用エンジンは、新しく開発した直列6気筒RBエンジンをC32ローレルから、RBのDOHCをR31スカイラインに、そして83年Y30に搭載した我が国初のV6エンジンをDOHC化してF31レパードに搭載することになった。ようやく日産もL型に代わる新しい機構の直列6気筒エンジンになったわけだ。

　R31は、落ち続けるスカイラインの販売に歯止めをかけると同時に、世の中が豊かさやゆとりなどの傾向を強める時代背景を踏まえて、マークⅡとの差を縮めるため、トヨタと同じ高級・高性能路線をとることにしていた。

　スカイライン初の4ドア・ハードトップの追加、スポーツ仕様とラグジュアリー仕様のインテリアの設定、オーディオやオートカセットセレクター、カードエントリーシステムなど豪華、便利仕様の設定などである。スタイルも大きく豪華に見えるよう直線基調にまとめ、メッキ装飾も多用した。エンジンは待望の直列6気筒DOHC24バルブをスカイライン用に開発し、営業の要望でトヨタと同様ツインカムエンジンと称した。足回りは従来のフロント・ストラット、リア・セミトレーリング

スポーティな装いとなって1982年11月に登場した2代目ホンダプレリュード。

1980年に登場したトヨタソアラは、ツインカムエンジンとその洗練したスタイルで話題になっていた。

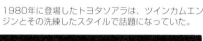

1984年8月にモデルチェンジされたマークⅡ三兄弟。上からマークⅡ、チェイサー、クレスタ。

アームを踏襲するが、ステアリングをラック＆ピニオンにして剛性を高め、リアに世界初の後輪操舵システムHICASを採用して、先進性と技術の日産をアピールすることにした。

この時期、世界の自動車業界では、エンジンのDOHC4バルブ化や四輪駆動（4WD）、四輪操舵（4WS）の研究開発が盛んに行われており、これからは「4の時代」といわれていた。HICASは4WSの実用化で世界のトップバッターとなったものだ。

新開発のRB20 DOHC（左）とそのターボ仕様。待望の直列6気筒DOHC4バルブで、最新技術を投入してデビューしたが、スタートは必ずしも順調ではなかった。

1985年8月「やわらかい高性能、7代目スカイライン」として4ドアセダンと4ドアハードトップを発売した。RB20系エンジン4機種、RD28、CA18の計6エンジン、エクセルとパサージュの2グレードを設定、M/T、A/T、スポーツ系とラグジュアリー系のインテリア2種を用意するなど豊富なバリエーションであった。

■R31の印象

私が初めてR31の4ドアを見たのは1985年1月である。随分立派なスカイラインになったという印象で、前のR30でいろいろ苦戦していたし、ローレルに近い高級感を出していると感じた。エンジンは待望の直列6気筒24バルブのRB20DOHCを搭載していたので、やっとスカイラインらしい心臓を得たと思った。

シャシーはローレルと同じ従来の踏襲であるが、当時話題の後輪操舵と減衰力3段切替ショックアブソーバーを一部車種に採用して、ローレルと差別化していた。ただ車両重量がローレルより10kgくらいしか軽くなかったので、走りの性能でどれだけ優位差が出せるのか不安はあった。

スタイルは直線的で角張ったシャープなデザインであるが、クルマが大きく重そうに見えて軽快でスポーティな感じより、真直ぐ堂々と走り抜けて行くイメージだった。角張ったデザインは、発売したばかりのローレルで散々な評価を受けていたし、ローレルと同じようなルーズクッションのラグジュアリーなインテリアも

●R31スカイライン

4ドアセダン
直線基調のウエッジ
シェイプで、オーソ
ドックスなスタイルだ
が、ハードトップと比
べ特徴が少なく、存在
感が薄かった。

4ドアハードトップ
スカイライン初のセン
ターピラーレス4ドア
ハードトップでキャビ
ン回りをセダンに比べ
てスッキリさせた。し
かし曲面を使うデザイ
ントレンドに対し直線
と平面構成のデザイン
は賛否両論があった。

フロント／リアビュー
横線を多用して幅広感を強
調したが、線の多さを指摘
する意見が多かった。

あったので、従来のスカイラインとのコンセプトの違いをどうやってうまく説明するのかちょっと考えた。

　今から考えてみれば、大きく重そうに見えるのは1960年代から70年代にかけて通用したスタイルで、豊かさを享受するようになった80年代は、それよりも洗練されたイメージになっている必要があった。その点では、明らかにトヨタに先を越されていた。2月から4月にかけて官庁への新型届出が終り、発売が近づくにつれて社内やディーラーなどからかなり厳しい反響が聞こえるようになった。いまさらジタバタしても仕方がないので、ここは何とか乗り切るしかないと腹をくくった。歴代スカイラインの明暗が思い出された。次期型は、もう一度スカイラインのあるべき姿をじっくり考え、思い切った転換をしなければならないと思うようになった。5月頃である。

■大反発に驚き、答は企画で決まることを痛感

　従来スカイラインは男性的なスポーティな走りを前面に訴えてきたが、R31は物質的豊かさや精神的豊かさが求められる時代背景に応えて高級・高性能ソフトマシー

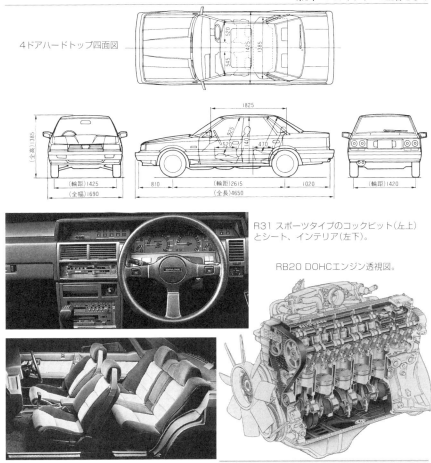

4ドアハードトップ四面図

R31 スポーツタイプのコックピット（左上）
とシート、インテリア（左下）。

RB20 DOHCエンジン透視図。

ンとして訴えた。しかし、多くの人が期待していたスカイラインと違い、ジャーナ
リストや若者層から大反発をうけた。

　R31は8月末、北海道でジャーナリスト試乗会を行った。賛否いろんな評価が出
たが、大勢の人が行き交う札幌の街中交差点でも、新型スカイラインに目をとめ
る人が少なかったのが寂しかった。そのときの反響をまとめると、以下のように
要約される。

○コンセプトについて

・期待したスカイラインと違い、ローレル、マークⅡと同じになった。

・2ドアのスポーツモデルもなく、走りのスカイラインは何処へ行ったのか。

・昔のスカイラインは良かった。

・ソフトマシーンとか都市工学はスカイラインのイメージと合わない。

○スタイルについて

・直線的でシャープであるが時代遅れ。線が多く、定規とコンパスで描いたようだ。

○走りの性能について

・RB20DOHCは期待したほどでない。高速域のレスポンスがいまいち。

・クルマが大きく重くなった。ローレル、マークⅡと差がなくなった。

・ハイキャスはすばらしい。安定性が抜群だ。

　スタイルについては、前年10月C32ローレルを発表したときに直線的で角張ったスタイル、絶壁感のあるインストなどスタイリングについて厳しい評価を受けていたので、R31のデザインもかなり厳しい評価を受けると予想はしていたが、そのとおりであった。

　C32のとき、なぜあのようなデザインにしたのかデザイナーに聞いたことがある。「前のモデルがスラントノーズで丸味のあるスマートな形をしていたが、販売サイドから、このクラスは大きく豪華に見える方が良いといわれたので、堂々とした角張った成金趣味のスタイルにした」といっていた。

　私は何台かのクルマの主管をやってきたが、デザインこそ商品性の7〜8割を占める最も重視すべきものであると痛感していたので、デザインの決め方には最も真剣な判断が必要で、デザイナーに丸投げしただけではいけないと感じていた。

　販売もスタートから苦戦だった。目玉と目論んだツインカム24バルブエンジンを搭載する展示車が売れ残り、販売店から苦情が寄せられた。スカイライン待望の直列6気筒ツインカム24バルブエンジンに対する期待がものすごく大きかっただけに、失望も大きかった。かつてのスカイラインGT-Rに搭載された抜群の高性能S20エンジンの再来と評され、圧倒的な優位さを期待されていたように思う。

　確かに4バルブDOHCヘッド、低回転域から高回転域まで全域にわたって高出力・高トルクを得るためにインテークマニフォールドを低速用と高速用と独立させ、回転数に応じて電子制御する可変吸気機構のNICS、電子制御による配電点火システムNDISなど世界初の新技術を採用した画期的なエンジンとして市場に送り出した。NAのRB20DEが圧縮比10.2で165ps、ターボ仕様のRB20DETが210ps（いずれもグロス）であったが、車両のパワーウエイトレシオやエンジンのレスポンスなどで圧倒的な性能を期待した人達の期待に応えられず、不評、不満になったのは残念であり、プロジェクト主管として断腸の思いであった。

●HICAS作動図

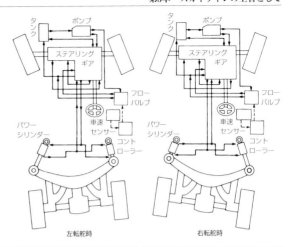

リアサスペンションメンバーと一体に、後輪に変位角を与え、後輪のコンプライアンスステアを強制的に発生させる。ステアリングを操舵するとラックの軸力（クルマの横G）に応じた油量をフローバルブで制御し、サスペンションメンバーを前輪と同方向に効かす。車速センサーで時速30km以下では作動せず、高速になるほど変位角を大きくし、最大変位角が0.5°である。

左転舵時　　　　　　右転舵時

● 4バルブDOHCヘッド

カムシャフト

直動式
ハイドロリック
バルブリフター

インテーク
バルブ

直動式
ハイドロリック
バルブリフター

エキゾースト
バルブ

シリンダーヘッド

● 直動式ハイドロリックバルブリフター

ボディ
プランジャーヘッド
チェックボール
プランジャーシート
プランジャー
リリーフスプリング
ストッパー

高圧室

リターンスプリング

● NICS

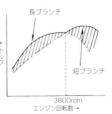

吸気制御バルブ

長ブランチ

短ブランチ

アクチュエーター

●RB20エンジンに
　採用された新技術

● NICSトルク特性

長ブランチ

短ブランチ

トルク↑

3800rpm
エンジン回転数→

NICSは1気筒に長さと形状の異なる2本の吸気ブランチを設定し、エンジン回転数に応じて使用ブランチを電子制御するもので、そのトルク特性は右下図のようになる。しかし、高速性能とレスポンスが期待値とマッチせず、厳しい評価を受けることになった。

　世界で初めて採用した後輪操舵HICAS（ハイキャス）は、小さいギア比のクイックなステアリングギアと組み合わせ、車速が30km/h以上で走行中にハンドルを切って横Gが発生すると、後輪を車速と横Gの大きさに応じて最大0.5°の範囲で前輪と同位相に操舵して後輪のコーナリングフォースを高め、シャープな操縦性と高い安定性を実現したもので高い評価を受けた。しかし、セミトレーリングアームの

従来型サスペンションと旋回限界時の操縦性について、さらに自然な感覚に
チューニングする必要性を一部の人から指摘された。スペックや限られた性能
データだけに頼らず、最終的には人の感性による細心のチューニングが重要であ
ることがわかる。

　7代目となるR31は、名前がスカイラインでなければ悪いクルマではないといわれ
たが、それだけスカイラインに対する期待が大きく、開発には難しいクルマであっ
たといえる。とにかく、コンセプトを含めて企画段階で、結果が決まるといっても
過言でないことを痛感した。

■2ドア・クーペの開発を急ぐ
(1)R31の高性能車からGT-Rのバッジをはずす

　R31の評価を高められなかった要因のひとつに、期待されたスポーティなスカイラ
インの2ドアクーペがなかったことがあると思う。ハイソカーを意識して、汗臭いス
ポーツイメージを避ける戦略が裏目に出たといえよう。R31を世に送り出した開発主
管として、スカイラインの使命を十分認識し、二度と過ちを犯してはならないと肝
に銘じた。やはりスカイラインは、スポーツ心に訴えることを忘れてはならなかっ
たのだ。

　4ドア発売を控えた1985年6月に2ドアのフルサイズモデルが出来た。4ドアよりか
なりスポーティでまとまっていたが、フロントデザインがいまいちだった。

R31スカイライン2ドア
クーペ。直線基調である
がスラントノーズ、丸味
をもつキャビン、オート
スポイラーなどスポー
ティなイメージを強め
た。R31発売時スポーツ
モデルの2ドアがなかった
ことがスカイラインファ
ンの期待を裏切ることと
なり、開発を急いだ。

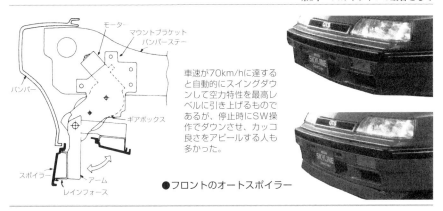

車速が70km/hに達する
と自動的にスイングダウン
して空力特性を最高レベ
ルに引き上げるもので
あるが、停止時にSW操
作でダウンさせ、カッコ
良さをアピールする人も
多かった。

●フロントのオートスポイラー

●クーペ4WAS（4輪アンチ
スキッドブレーキシステム）

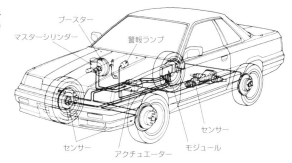

雨天や雪道などの低μ路でも
確実に安定して止まれるよう
に4輪アンチスキッドブレー
キをオプション設定した。

　私はデザインの重要性を認識していたので、日程的に厳しかったが、四角いヘッ
ドランプの一部をカットして精悍な顔付きに修正することにした。また、グリル中
央とテールにGT-Rのエンブレムが付けられていたが、クルマの実力とGT-Rのネー
ミングの重さを考えて、GTSという名称に変更した。

　GT-Rはその栄光の歴史を見てもスカイラインの象徴であり、絶対である。安易に
使用する名称ではなかった。技術的にも、性能的にも、志としても、他車を圧倒的
にリードした超高性能車にのみ許されるネーミングだと思っている。今までも、モ
デルチェンジするたびにGT-Rの登場が待望されていたが、応えられる条件が整わな
かった。櫻井さんが何時も悔しい思いをされていたのを覚えている。

　私が櫻井さんの後を受けてスカイラインの主管になったとき、GT-Rを復活させ多
くのファンの期待に応えるのも私の使命だと思っていたが、本当にGT-Rとして自他
ともに認められるものでない限りGT-Rは名乗れないので、R31の2ドアクーペから
GT-Rのバッジをはずしたのだ。

(2)スポーツマインドを高揚

2ドアクーペは期待に応えられなかった4ドアのイメージを挽回すべく、走りの性能とスポーツイメージの回復を狙った。

装備の見直しによる約100kgの軽量化、セラミック・ターボの採用やインタークーラー、吸気ダクトの改良による吸気抵抗の低減などによるエンジンレスポンスの改善、トランスミッションのギア比のワイド化やATMのシフトアップ回転数5600rpmを6400rpmにアップして動力性能を向上、GTオートスポイラーによる空力性能の改善、タイヤを215／60から205／60にサイズダウンしてHICAS車の乗り心地と限界時の操縦性を改善した。さらに、ローレルと同じだったドライビングポジション（運転姿勢）をペダル位置と運転席足元フロアを15mm上げてスポーティなポジションに変更するなどで、スポーツマインドを高める数々の改良を行い、1986年5月に発売した。

2ドアスポーツクーペの登場により、R31に対するイメージは徐々に改善されてきたが、4ドアに効果が及ぶまでには至らなかった。一度失った評価を取り戻すのは並大抵のことではない。自動車は大量生産、大量販売で成り立ち、関連する裾野が広い産業だから、担当するクルマの評価が直ちに日産やディーラー、部品メーカーなどの業績や、関係者に対する多大な影響を考えると、開発担当者としては痛恨の極みであった。

長い歴史のなかで、日本のクルマ社会に浸透し注目されたスカイラインは、もはや一企業の商品として、つくる側本位のプロダクトアウトでなく、人々の期待に応えるお客さま本位のマーケットインの商品づくりが如何に大切かを、このR31の開発から学び取ることができたように思っている。

ヒット商品が出ず、収益性の悪化で、日産の業績と企業イメージは下がるばかりであった。日産の古い企業体質を改革する社内運動が出てきたのも、この時期である。

3-2. 日産のペレストロイカ

■社内活性化運動

1985年6月に、久米社長が就任したときには、日産のシェアは1976年（昭51年）の32.2％から25％台まで落ちていた。業績の悪化とヒットしない日産車ということで、企業イメージの沈下に歯止めをかける必要性を訴える声があちこちから上がった。

就任早々、久米社長は「①国内販売の立て直し、②日産車に対する若者離れ対策、③生産性と収益性の向上、④日産のイメージアップ、が緊急課題であり、そのため

に新しい社風をつくり、流れを変えよう」と訴えたのである。

売れる商品をつくるための商品市場戦略PMS（Product Marketing Strategy）の検討や、組織、人材の見直しから、官僚的な企業風土の打破と社内の風通しの良い自由闊達な企業文化の構築、階層意識をなくすため「さん付けで呼び合う運動」など、企業風土を改革する運動が、本社や開発部門に起きた。

1985年8月、7代目スカイラインの発表会での久米社長と筆者。スポーティな2ドアがなかったこともあって、かなり厳しい反響も聞かされた。

旧プリンスや荻窪では「さん付け」は当たり前だったので、今さらとの感もなくはなかったが、日産の企業イメージや日産車に対する低い評価、さらに急激な円高で業績がさらに悪化し、危機感から社内の若手中間管理職による改革運動が巻き起こった。

鶴見にあったエンジン設計の若手グループによる官僚的な古い日産の価値観の打破と若者の活性化を狙った「元気が出る鶴見商事」（1986年3月）、同時期にNTC（日産テクニカル・センター）では上司ばかり見ている「ヒラメ人間」や自分の身の回りのみきれいにして責任を他に押しつける「ホウキ人間」の追放運動などが展開された。

シャシー設計部が提起した1990年に世界一のシャシー性能といわれるクルマをつくる「901活動」（86年8月）や、開発の本丸NTCを一般公開して、開かれた日産を訴えようとした開発祭（86年11月）などが実行された。

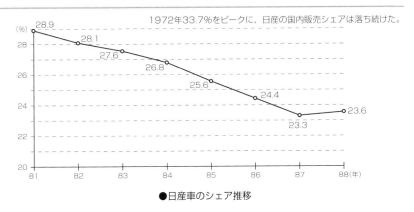

●日産車のシェア推移

1972年33.7%をピークに、日産の国内販売シェアは落ち続けた。

28.9
28.1
27.6
26.8
25.6
24.4
23.3
23.6

そして、久米社長主導で「わたくしたちは、お客さまの満足を第一義としてお客さまを創造し、お客さまを拡げていくことにより、さらに豊かな社会の発展に貢献する」という「お客さま第一」の日産企業理念を制定（86年12月創立記念日）し、商品力と収益性の高い商品を生み出すために、商品の開発から生産、販売、収益などプロジェクトすべてを統括する商品本部と商品主管の設置（87年1月）などの改革を全社的に実施した。

■商品市場戦略PMSの検討

　1980年代に入っても、日産はヒット商品が少なくシェアの低下が続いていた。コンセプトが不明確、保守的で個性がない、スタイルもパッとしないといわれていた。

　そこで、日産車のイメージや販売台数、そして収益を上げる商品企画をやるために、1985年4月から外部コンサルタントを入れた商品市場戦略の検討を始めた。グローバルな戦略として日本、北米、欧州など主要地域ごとに最適な商品を揃えるリードカントリー戦略や、1車種1主管として商品企画の質を高めること、マーケットインの考え方を強め、官僚体質打破の必要性などを提言した。

　リードカントリー制ではスカイラインは、国内専用が望ましいということになった。私も、以前からスカイラインは国内専用で行くべきと考えていたのでPMS検討会でも意見を述べてきた。以前スカイラインは欧州、中近東、アフリカ、オーストラリアなどに輸出されていたが、台数は限られていて採算性は良くなかった。

　スカイラインの特徴はスポーティセダンで、日本では熱狂的なファンがいるが、外国ではブランド性もなく、スペースや性能、価格など中途半端で、輸出市場で望まれるスカイラインと国内で望まれるスカイラインは両立が難しいと思っていた。

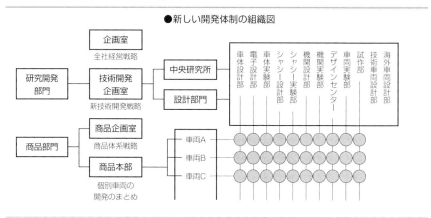

●新しい開発体制の組織図

近年は右ハンドルの英国圏のみであるが、輸出車を開発する開発資源も必要で、輸出本命車でないプロジェクトの収益性も疑問であった。

　無駄を排除し、狙いを絞って効果的に資源を投入するために、次期型スカイラインは国内専用として開発することになった。

　1986年1月から1車種1主管制が実施され、私はローレル、レパード、スカイラインの主管からスカイライン専任となった。

3-3. R31スカイラインのマイナーチェンジ

■R31とRBエンジン復権作戦

　スタートでつまずいたR31の評価を取り戻すには、マイナーチェンジで強烈なインパクトを与える必要があった。スポーティな走りのスカイラインに戻すことであり、そのためにはサーキットのレースでそれを実証しアピールすることであった。

　1985年から我が国でグループAツーリングカーレースが開催されるようになり、スカイラインはKDR30RSターボで参戦していたが、その年はカローラ、BMW、シビックなどに勝てなかった。

　最終第5戦が11月10日富士スピードウエイで国際ツーリングカーレース(インターテック)として開催されたので、私も観戦に行った。

　ボルボ240ターボが圧倒的な速さで1-2フィニッシュし、3位もBMWで、外国勢が上位を占めた。世界との差は歴然としており、RSターボは三菱スタリオンに次いでトップから11周遅れの5位と、カローラやシビックより後の13位だった。

　S54BやハコスカGT-Rの設計開発に関わった私としては、これまでレースを盛り上げ常勝してきたスカイラインが、サーキットで惨めな姿をさらすことは耐え難いこと

1985年インターテックレースのスタート。最前列はボルボ240ターボが占め、予選タイムもRSターボより4.5秒も速く、性能で大きな差があった。決勝レースでも一周ごとに差が開き、スカイラインのみじめな光景を見て、次期型でR32GT-Rスカイラインをつくり、世界制覇を決意した。

1985年、グループAツーリングカー
レースを戦うR30-RSターボ。

強豪BMW635CSiとRSターボ。

だった。

スカイラインの名誉挽回のため、次期R32でGT-Rをつくってツーリングカーレースで世界制覇を心に決めたのはこのときである。

さらにR31と新開発RB・DOHCエンジンに対する雑誌やジャーナリストのマイナス評価を覆し、スカイラインファンの期待に応えるためには、これから出す2ドア・クーペとマイナーチェンジで、高性能スカイラインを復活させ、次期型で確たるものにしなければならないと固く決意した。

■RBエンジン蘇る

R31マイナーチェンジ計画は、4ドア発売直後の9月中旬から開始した。その狙いは、ずばり走りのスカイラインの復活である。シャシー性能は現在開発中の2ドアで先行して検討し、車両の軽量化とサスペンションのファインチューニング、スポーツ仕様の開発などを2ドアで実現し、マイナーチェンジの重点をRB型のDOHCエンジンの改良、及び評価が低い4ドアのフロントスタイルの変更に絞って、関係部署に対応をお願いした。なお、マイナーチェンジで投入する予定で開発していたフルタイム4WD（ファーガソン型、前後トルク配分35：65）は10月に試作車が完成したが、車重がさらに重くなり、スカイラインに期待される動力性能や、アンダーステアが出ず意のままに操れるスカイラインの目指す操縦性能を満たすには時間が必要との判断で開発を中止し、次期型で検討することにした。

エンジンは、トヨタの1G-GTEU2000ccツインカム・ツインターボ185ps／6200rpm、24.5kg-m／3200rpm（ネット値）を凌駕する性能アップを目標にした。「あれこれ理屈はいいから、もっとパンチが効いたエンジンにしてほしい」と要望した。エンジン設計の意地と努力によって吸気系を全面的に見直し、大径モノポートブランチの改良型NICSを採用して、パワーアップと俊敏なレスポンスを実現する目処が出来た。

しかし、この改良型NICSの採用をマイナーチェンジ計画で提案したら「世界初の可

変吸気システムとして発表したものをマイナーチェンジですぐ変えるとは何ごとか」とクレームがついた。

実はR31を発表したときマスコミから「デザインもエンジンもダメ」とボロクソにいわれ、日産を叩けばジャーナリストの評価が上がるとまでいわれていたその頃の日産に対し「こんなことではダメだ。日産の官僚的で独善の古い価値観を捨て、バカにされないものをつくる職場の活性化が必要だ」とエンジンの若手が奮起して活性化運動を始めた。このような活動が「RBエンジ

トヨタ1G-GTEUエンジン。2リッターDOHCにツインターボを装着し、ネット185psを誇った。

ンを蘇らせ日産の力を見せよう」という活力となって、大胆な改良を進めてくれたと思っている。

マイナーチェンジで大幅変更となるが、R31の不評解消のためには絶対譲れないので進退をかけて折衝し、出力、レスポンスが向上し、重量、コストが下がるメリットを主張して、メンツより実益をとってマイナーチェンジ変更の了解をとりつけた。ハイフロー・セラミックターボ付きRB20DETは最高出力190ps／6400rpm、最大トルク24.5kg-m／4800rpm、RB20DEは同150ps／6400rpm、同18.5kg-m／5200rpm（いずれもネット値）で見違えるようなエンジンに生まれ変わった。

4ドアのフロントデザインについては、1985年12月にモデルをつくり、開発中の2ドアとイメージを合わせる案を選択した。メッキ部品を使った4ドアのデザインとのマッチ

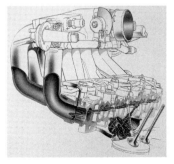

●NICS（左）とその改良型

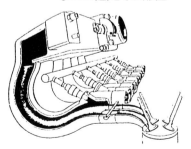

インテークマニフォールドをモノポート（1本）に単純化し、シリンダーヘッド入口直前で2本に分けて低速時に片方を閉じる可変吸気システムに改良し、パワーアップと俊敏なレスポンスを発揮した。

マイナーチェンジされた4ドアHTパサージュツインカム。フロントデザインをスラントノーズにして2ドアと共通のイメージにし、メッキグリルで高級感を出した。

マイナーチェンジにより誕生した2ドアクーペGTS-Xツインカム。改良型エンジンで走りのスカイラインを取り戻した。シャープなスタイルも人気を集めた。

ングから、フードとメッキしたフロントグリルを新設しその他は2ドアと共通にした。

1987年8月、R31マイナーチェンジを行い、改良型RBエンジンと4ドアにも2ドア同様のシャシー改良やスポーツ仕様を採用し、さらにグループA用エボリューション・モデルのGTS-Rを追加して"We motor sports"で売り出した。

苦難の道を歩んできたR31は、後期型でやっと従来のスポーツ志向の高性能スカイラインとRBエンジンの評価が回復してきた。しかし、本来期待されているスカイラインとのギャップは完全に解消されることは出来なかった。R31の国内販売は3年9ヵ月で296,087台だった。R30、R31と2代続いてモデルライフ販売台数を10万台以上減らすことになった。

次期型R32は、R31で学んだ数々の教訓を生かし、栄光と伝統のあるスカイラインの伝統を受け継いだ商品創りと、新世代の名車スカイラインの復活を目指すことにした。

■GTS-R誕生

1985年8月、R31を発表した際、コンセプト、デザイン、エンジン、走りなど、歴代スカイラインで最もひどい評価となり、昔のスカイラインは良かったといわれ、期待されるものとギャップが大きいと散々な目に会うことを痛感した。私がスカイラインをダメにしたといわれるのが、もっとも辛かった。何としてもリベンジしなければならないと決意した。

次期型でGT-Rを復活させ、グループAレースで世界制覇を狙う野望を心に秘めたのも、ボロクソにいわれたRBエンジンの名誉を奪還しなければならないと強く思ったのも1985年11月の富士スピードウエイで行われたインターテックレースであることは

前にも述べた。スカイラインはレースが一番似合うし、性能を証明するのもレースが最も判りやすい。R31で叩かれた悔しさを必ずリベンジしようとプロジェクト・メンバーで誓い合った。

R32GT-Rは1986年7月にR32の開発基本構想提案で承認され、正式に復活が決まった。いよいよ開発に着手することになったが、GT-Rが出来るまでは、R31の2ドア車でレースに出場し、技術追求でノウハウを蓄積し、それを糧にして次期型GT-Rでチャンピオンを狙うことにした。そのために、レースを直接担当するニスモと検討を重ねた。

1986年11月9日に行われたインターテックレースはR30で2度目のレースだった。前年同様に、このレースでは外国車がやはり速かったが、ボルボ240T、

レースで活躍したフォード・シェラ（上）とボルボ（下）。強力なインパクトを与えた世界の強豪車だった。

BMW635CSiに次いでRSターボがトップに4周遅れながら、3位と4位に入った。

これから出すR31で勝負するには、何よりもパワーが必要だった。ターボとインタークーラーを大型化して400psを超えるレース用エボリューション・モデルをつくることで、関係者で対策を検討した。

素案が出来たところで、各担当設計に車両と部品の設計を依頼したが、忙しくて

R31スカイラインGTS-R。グループAツーリングカーレース用に急遽つくったエボリューションモデル。ブルーブラックの車体に、イタルボランテのステアリングホイール、モノフォルムスポーツシートなど人気があった。

RB20DET-Rエンジン。レースで交換
できないエギゾーストマニフォールド
やターボチャージャーなどを組み込ん
だ特別エンジンであった。

レース車の設計をする工数はないと断られた。私が正規手順で車種設定の承認を
とっていなかったこともあるが、1986年上期は日産が創業以来初めて営業赤字に陥っ
たときであり、設計、実験部門には工数や金が掛かる開発は、メインの車種以外で
は簡単にやれないという雰囲気があった。

　しかし、だからといって手をこまねいているわけにはいかなかった。狙い通りの
性能のクルマにするために努力するよりほかはなかった。

　もっとも大物のエンジンについて、12月になってエンジン設計に依頼に行くと、
技術的なアドバイスをして協力はするが、設計手配は企画部署である商品開発室で
やってくれとのことだった。それでも、担当を1人出してくれて、商品開発室の課員
とエンジンの設計手配をしてくれた。

　タコ足エギゾーストマニフォールドはエンジン技術者がレース用部品メーカーに
サンプルを1本つくってもらったものを、私がカルソニックに持ち込んで、同じもの
をつくってくれるように頼んだ。当然、カルソニックでは芸術的な溶接構造でな
く、パイプ加工で出来るよう設計と造り方は任せることにした。スポイラーなどレ
ギュレーションで変更が禁止される部品は、すべて市販車に組み込む必要があっ

1987年11月のインター
テックレースでR31GTS-R
がデビュー。予選は5位だっ
たが、決勝では15位に終
わった。88年は6戦2勝を
あげた。

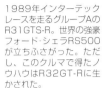

1989年インターテックレースを走るグループAのR31GTS-R。世界の強豪フォード・シェラRS500が立ちふさがった。ただし、このクルマで得たノウハウはR32GT-Rに生かされた。

た。大型リアスポイラーはレース部隊が設定し、造形部からデザインについて異論が出たが、時間がないので私がOKした。

このようにして1987年1月にR31のマイナーチェンジで設定する車種に1車種追加して、官庁の届出に間に合わせた。ようやくGTS-Rが誕生したのである。

エンジンはRB20DETに大容量のギャレット製T-04ターボ、ステンレス製エギゾーストマニフォールド、大型インタークーラーなどを備えて210ps／6400rpm、25.0kg-m／4800rpm（ネット値）とし、レース用は400ps以上出せる仕様にした。エボリューション・モデルとして必要な最低500台の生産が必要だったが、発売の直前に営業要望で800台に生産台数を増やしたが、すぐ売り切れた。

GTS-Rは1987年11月にJTC第5戦インターテックからグループAに星野／オロフソン組が参戦し、世界の強豪フォード・シェラRS500やBMW・M3にチャレンジした。しかし、トラブルもあって、結果は15位に終わった。1位、2位、5位をシェラRS500、3、4、6〜8位をM3が占め、外国勢に上位を独占された。このときのK.ルドビク／K.ニーツピッツ組のシェラRS500の圧倒的な速さは、今でもはっきり覚えている。

GTS-Rは翌1988年に2勝、そして1989年は4勝して、長谷見／オロフソン組がJTCチャンピオンになったが、残念ながらインターテックではフォード・シェラRS500に勝てなかった。しかし、GTS-Rで得たノウハウや課題は開発中のR32GT-Rにフィードバックされた。

第4章　R32 スカイラインの企画

　一般に新型車が発売されて、次期型モデルが企画、開発、発売されるまでは4年間の日程で行われていた。前モデルの発売直後から企画、開発が始まる。日産では、商品企画と営業部門を主体にした次期型のコンセプトセンターが中心になって、前モデルの市場評価や競合車を含む市場動向などプロダクト・マーケティング活動を行い、次期型のコンセプトを立て、狙う市場などを検討して基本方針を固めて開発宣言し、車両の本格的開発がスタートする。

　開発部門を中心にしたプランニングセンターでデザイン、車両やユニットのスペック、性能、原価・収益など新型車プロジェクトの開発基本構想を立案し、会社の承認を受けた後、設計、試作、実験など車両開発に移行する。同時に、生産部隊も生産性や生産設備などの検討を行い、生産側の意見を設計仕様にフィードバックしながら生産スペックを決定していく。そして、商品計画を決定し、生産手配に移る。

　8代目となるスカイラインR32も、企画の早い段階から関係部署に参加してもらい、各工程の検討を同時進行するサイマルテニアスな活動を行って、効率の良い開発を行うことが出来るよう配慮した。

　新型車の開発は先行開発、1次、2次試作と続き、基本性能、機能、強度・耐久性が確認されて工場試作、生産試作で量産時の問題を確認する。発売の3〜4ヵ月前に官庁に新型車認証届け出を行い、認証試験を経て認可を受け、生産、発売に至る。

4-1. プロダクト・マーケティング活動

　R31発売直後から市場の反響調査を行ってきたが、次期モデルのR32をどのような商品にすべきかプロダクト・マーケティング活動を始めたのは、R31の4ドア発売3カ

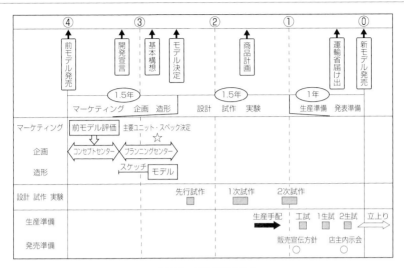

●新型モデル開発の流れ

月後の1985年11月18日であった。

　企画・マーケティンググループを中心に合宿して次期型検討の進め方を論議した。企画、設計、造形、営業、日産プリンス自販からなる若手プロジェクトチームを発足させ、新しいスカイラインはどうあるべきかを検討した。R31を含むスカイラインや競合車の過去からの販売動向、市場評価の収集・分析などマーケット・リサーチや、ディーラーの第一線セールスマンやジャーナリスト、ユーザーの層別グループインタビューなど幅広い活動を行い、1986年3月の開発宣言および7月のR32構想提案に向けて、R32の商品市場戦略を検討・立案する活動を行った。

■スカイラインを取り巻く市場動向と次期型の狙い

　1970年代後半からR31発売後のスカイラインを取り巻く販売・市場動向を分析し、次期型スカイラインR32でどう対応するかを検討した。

　小型上級車市場動向は、このころには月間の需要は4万台前後で漸増傾向にあった。そのうち4ドアハードトップの比率は約50%で増加傾向にあった。このなかで、トヨタのマークⅡ系の伸びがとくに大きかった。1985年の下半期のシェアは55%に達し、81年下半期に対し66%増となっていた。これに引き替え、スカイラインR31は旧モデルのR30より販売の出足が悪く、81年下半期のR30の63%にすぎなかった。排気量別で見ると、小型上級車用エンジンは約75%が2000ccで、中でもツインカムエン

ジン搭載車の伸びが大きかった。

スカイラインの販売台数推移は、5代目C210後半から減少傾向にあった。1978年下半期の販売台数は月間13909台であったものが、1984年下半期には月間6960台に下降していた。

6代目R30後半は1.8リッターの廉価限定車で台数を確保しており、84年下半期1.8リッター車は全体の53%に達していた。7代目R31は、とくに4ドアセダンの不振が大きかった。4ドアハードトップを追加しても台数の伸びがなかった。エンジン別でみると、RB20DE、RB20Eが不振で、マークⅡと大差がついた。

以上のことからR32で対応は
①4ドアセダンは廃止して、4ドア・ハードトップに統合する。
②エンジンは2リッターツインカムを主力とするが、20Eも台数を稼ぐ。
③マークⅡに比べ1.8リッター車の比率が高いが、収益性の点で1.8リッター車の廉価車は設定しない。

という方針を立てた。

■スカイライン販売台数低下の要因分析

移行性向の調査(85年7〜9月)では、スカイラインからどのクルマに買い替えたか、どのクルマからスカイラインに買い替えたかを調べた。このころのスカイラインの販売は、月間8600台ほどであるのに対して、下取りは12400台出されており、保有台

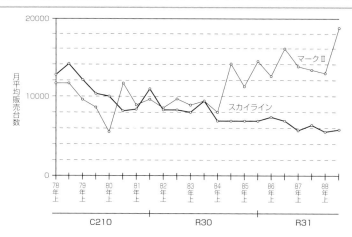

●スカイラインとマークⅡの販売台数推移　1984年以後マークⅡの伸びが急増した。

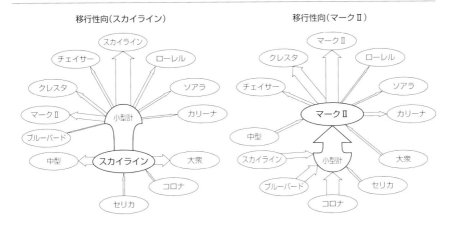

移行性向（スカイライン）　　　　　移行性向（マークⅡ）

●スカイライン及びマークⅡの移行性の調査データ

1985年7〜9月の調査でスカイラインの場合は他のクルマへ流出が増えていることが分かる。矢印の太さは流入の大まかな比率を表している。マークⅡの場合は、チェイサーやクレスタなどの姉妹車をのぞけば流出はわずかで流入のほうが多く、マークⅡ三兄弟の販売台数が伸びている。これをどう阻止するかが、モデルチェンジにおける大きな課題であった。

数が減ってきていた。残念ながらスカイラインから他の小型、中型、大衆車へ流れていた。ライバルであるマークⅡ三兄弟への流出も多かった。これに対して、マークⅡはスカイラインとは逆に小型車全体からの流入が多かった。このことから

①マークⅡへの流出を防ぐ戦略。

②1.8リッター小型中級クラスからの流入を促進。

③マツダ、ホンダなど第3勢力からの流入を促進。

④スカイラインの定着率（スカイラインからスカイラインへ）を上げる。

ということが求められた。

　次に、1979年から85年までの販価帯別の販売推移をみると、以下のようになっている。

①小型上級クラスで200万円以上が増加（85年／上で63％）。

②スカイラインは83年以後廉価車比率が高くイメージ、収益が低下している。

③R31は販価帯が124〜310万と広く、狙いがボケている。

これにより、R32は販価帯を絞り、マークⅡより低目を狙う必要があると思われた。

　ブランドイメージや購入時スカイラインを比較検討したデータなどから、スカイラインらしさが喪失していることが販売台数の減少につながっていると思われた。

①スポーティなこと、スタイルが良いこと、性能が良いことなどセールスポイント

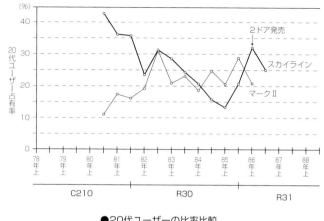

●20代ユーザーの比率比較

グラフ縦軸: 20代ユーザー占有率（%）
横軸: 78年上／79年上／80年上／81年上／82年上／83年上／84年上／85年上／86年上／87年上／88年上
C210　　R30　　R31

2ドア発売
スカイライン
マークⅡ

販売台数の低下とと
もにスカイラインの
20代占有率が年々
低下してきた。走り
のスカイラインは若
者に評価される商品
企画が望まれた。

のスコアが減少。とくに24歳以下の若者層が顕著であった。

②クルマを買うとき、スカイラインを比較検討した率が減った。

　このことから、R32はスタイル、性能などスカイラインらしさの復活が必要であること。また、R32は若者に受けるクルマにする必要があった。

　全体として、走りの性能に関する不満が大きかった。

　R30からR31にかけて、出足の良さ、加速、登坂力などで不満が多いことが分かり、このことからR32は軽量化とエンジン性能向上を図り、走りの性能を取り戻す必要があった。

■R32が狙うべき若者市場と重視度

　高性能スカイラインのイメージを高め販売を増やすには、スカイラインらしさを強調して、若年層に評価されることが重要であった。とくに25歳前後の男性をターゲットにする必要があった。彼らの動向は、

①89年には25歳前後の男性は85年比、人口で4.8％（395→414万人）、免許保有者で5.4％（367→387万人）増加する。

②25歳前後の男性市場は82年から85年で1.5倍に増加。とくに小型上級で66％増加している。

③購入車価格帯は過去3年間で200万円以上が10％増加している。

　⇒R32ターゲット層（25歳前後の若者）の市場は着実に増加している。

　また、小型上級車の年代別、年齢別重視度と不満度をみると、

①20代ユーザーはスタイルと高速安定性、加速、エンジンなど走りの性能および室内の雰囲気を重視する。年々その傾向が増加している。

②20代ユーザーは燃費、出足の良さに関する不満度が高い。それが年々増加傾向にある。

4-2. 新世代スカイラインで復活を期す

■基本的な狙い・企画がすべてを決める

R31を発売し、いろんなところから厳しい評価を受けた。主管として、ここはじっと耐えて、R31の販売の減少傾向を止めるために、まず2ドアクーペでスポーティなスカイラインを呼び戻し、マイナーチェンジで可能な限りの改良を行って、スカイラインの評価を取り戻すこと以外にないと腹を決めた。

そして、次期モデルR32で本来あるべきスカイライン、ファンの期待に応えられるスカイラインをつくり、名車スカイラインの復活を果たしたいと考えた。「企画が命」であることを肝に銘じた。

スカイラインは7代にわたる長い歴史のなかで、高性能で走る楽しさを追求して栄光と輝かしい伝統をつくったものの、次第にそのイメージが薄れてきていた。

8代目R32は新しい第2世代のスカイラインとして再出発し、走る楽しさで多くのファンの期待に応えられる魅力のあるクルマにして、人々の幸せに役立つようなスカイラインにしたいと思った。私も50歳に近い年齢になっていたし、若い日産の後輩たちにスカイラインとは何か、クルマづくりはどうあるべきかを伝えておかなければならないと思った。

時代が進むにつれて、自分の好みに合ったクルマが選ばれる時代になっている。したがって、個性的、魅力的で特徴のあるクルマでないと存在価値が希薄になる。次期型スカイラインR32はスカイラインらしい個性を出して存在価値を明確にし、もう一度若い世代に評価されるクルマにすることが重要だと考えた。そのために、以下の点に重点を置いた。

1）明快なコンセプト

スカイライン・イメージを再構築するため、あれこれ狙わず、主張点を明確にして、わかりやすいスカイラインにすること。

2）選択と集中

商品の魅力と投資効率・収益性を高めるため、狙う重点を絞り、そこに開発資

源、商品力を集中して投入すること。他車に劣るところがあっても、絶対勝つところをつくる。切るべきところは切り、伸ばすべきところは伸ばすなどメリハリをつける。

3)高い志を持つ

日本車も量から質へと移行しなければならない。世界に通じる高い目標にチャレンジすること。

■スカイラインに求められるキーポイント

スカイラインの本来あるべき姿、期待されるスカイラインを目指すためには、決

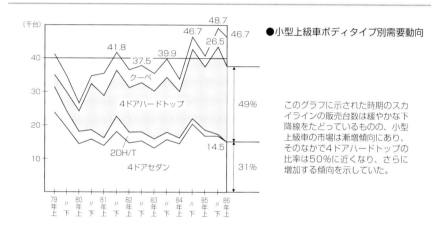

●小型上級車ボディタイプ別需要動向

このグラフに示された時期のスカイラインの販売台数は緩やかな下降線をたどっているものの、小型上級車の市場は漸増傾向にあり、そのなかで4ドアハードトップの比率は50%に近くなり、さらに増加する傾向を示していた。

●小型上級車の排気量による構成比

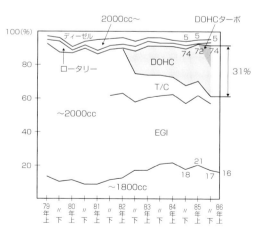

このクラスのエンジンは主として1800ccから2000ccであるが、2000ccエンジンが中心でDOHCエンジンが大幅な伸びを示している。SOHCターボに代わってDOHCターボが増えてきた。

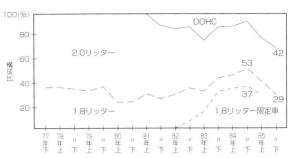

スカイラインは2リッターGTが主力であったが、4気筒1.8リッター車が40%弱から30%を占め、根強い人気をもっていた。年々スカイラインの販売台数が減る中でR30の後半では1.8リッターの限定車(123.4万円の廉価車)で販売を確保し、GTの比率を超えて53%に達していた。メインの2リッターGTの商品力アップが必要であった。

●スカイラインのエンジン別販売比率の推移

して外してはならないキーポイント(的)がある。歴史から学べといわれるように、歴代のスカイラインを通してスカイラインに期待され、評価されたポイントは何か、良いと思ってやったことが意外に評価されなかったのは、どんなところかなどを考えてみた。

　期待されるポイントが達成されていなければ、たとえ室内がゆったり豪華でも、装備が充実していても、それだけではスカイラインとして認められないと、多くの人たちからいわれたことを忘れてはならない。一方で、過去にとらわれず、時代に合わせた進化をしなければならない。長い歴史を通してイメージがつくられたスカイラインの的を外さず、昔のスカイラインは良かったといわれないような、新しいスカイラインを誕生させる必要がある。そのために、以下の目標を立てた。

1)走りが楽しく、走りの性能で他車を凌駕すること。

・動力性能が良いこと(速い、加速が良い、滑らか)。

・操縦性が良い(ドライバーの意のままに、安心して、気持ち良く走れる)。

・疲れないこと(安定性が良い、ドライビングポジション、運転操作性、快適な音、視界が良い)。

2)高性能を裏付けるスペック、技術が採用されていること。

・エンジン、シャシー、駆動系などに最新技術を採用する。

・運動性能が良い、適度に軽量・コンパクト、パワーウエイトレシオが小さいこと。

・それとともに、たとえ幾ら速くても旧式大容量エンジンでは評価されないだろう。

3)スポーティなスタイルでカッコいいこと。

・重心が低く安定感がある、空気抵抗が小さく速そうであること。

　⇒スカGはカッコじゃあない。中身という人もいるが、走りとスタイルは同列。

　⇒R30以後、トランクの重さを感じていた。「尻軽」の俊敏さを出すこと。

4）独自性、先進性、志の高さがあること。

・他車の後追い、マネをしない、時代の最先端を行くクルマであること。

・他車との違いを重視する。つくり手の思想が理解できるようにすること。
　⇒他車をリードすること。魅力的で存在価値があること。

5）本物志向で若い世代に評価されること。

・若い人に夢や感動を与えられるものであること。

■仮想RXで検証する

1）仮想RX（RXはR32の開発記号）

　前記したマーケットリサーチによるデータも参考にしながら、下記の仮想RXが、グループインタビューでどのように受け入れられるか、スカイラインに対する意見を聞きながら検証することにした。

①狙いとしては

・スポーティなスタイルで、コンパクトボディの2リッター直列6気筒高性能エンジンにすること。

・走りが楽しいナンバーワンのスポーツセダンであること。

・本物志向で若い世代に評価されるクルマであること。

②車両寸法としては

・R31のオーバーハング（とくに後部）を詰めてバランスのとれたプロポーションにすること。

・4ドア車は全長×全幅4550×1695mm（ベンツ190EとBMW525iの中間）。

③トランク容量について（後部オーバーハング短縮の可否）

　社内のスカイラインユーザー及びスカイラインに関心のある人100人の調査結果。

・フル積の頻度はスキーに行くときや田舎へ帰るときなどで頻度は少ない。常時はほぼ空積である。

・スカイラインはスペースよりカッコ良さ、走りの良さを重視した方が良い。

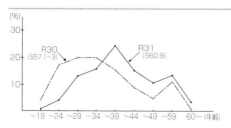

●スカイライン年齢構成の推移

R30の時代よりもR31の時代のほうが明らかに若者離れが進んでいる。

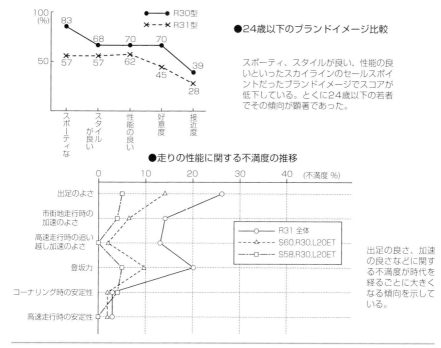

●24歳以下のブランドイメージ比較

スポーティ、スタイルが良い、性能の良いといったスカイラインのセールスポイントだったブランドイメージでスコアが低下している。とくに24歳以下の若者でその傾向が顕著であった。

●走りの性能に関する不満度の推移

出足の良さ、加速の良さなどに関する不満度が時代を経るごとに大きくなる傾向を示している。

との回答が90%以上だったので、リアのオーバーハングを詰める決心をした。

⇒この仮想RXが、市場でどのような評価をされるか、グループインタビューで検証することにした。

2)グループインタビューによる検証

　1985年暮〜86年2月頃グループインタビューや訪問インタビューを実施して、スカイラインに関係する調査を行った。対象はクルマに興味がある大学生、女子大生、団塊の世代から、将来ユーザーとなる15歳男子高校生など世代別に、スカイライン、ローレル・マークⅡ、スペシャリティカー、外国車など、クルマに求められる価値観や趣向などのユーザー別に、1グループ10名程度で総勢約600人の意見を聞いた。R32が狙うユーザー層も人選に入れてもらった。インタビューは外部の調査専門会社に依頼し、どのような趣味や価値観やライフスタイルの人が、どのような意見を述べたか、本音の意見が聞けるように配慮してもらった。

　調査したい項目は①新型R31の評価、②スカイラインのイメージは(どう見られているか)、③望ましいスカイラインとは、④若者はクルマに何を求めるか、⑤こんなスカイライン(仮想RX)はどうかというものだった。

①R31の評価⇒スカイラインらしさが薄れた。

・R30に比べて高級感、品質感が向上した。とくにインテリア。

・個性がなくなり、ローレル・マークⅡのようになった(ハイソカーになった)。

・HICASは素晴らしいがクルマが大きく、重くなり、走りは思ったほどではない。

・クルマとしては悪くないが、スカイラインの特徴がなくなり、一般的なクルマになった。重厚感が増し軽快感が薄れてスカイラインらしくなくなった。しかも、高級・格調の高さはまだマークⅡに及ばないものだった。

②スカイラインのイメージ⇒走りのクルマ、しかし今は中途半端である。

・走りに徹したクルマから最近はローレル・マークⅡと同じになり、走りの魅力が薄れた。

・昔のクルマ、族車(昔速かった、速いだけ、野蛮・過激、暴走族車)になっている。この意見はとくに若者に多かった。

・中途半端なクルマ(大きく豪華になったが、マークⅡほど洗練されておらず、走りも豪華さも中途半端、もっとコンパクトにして走りに徹したほうが良い)である。

・コンセプトが不明確(車種が多く、あらゆる客をカバーしようとする狙いが解らない)であること。

・マークⅡより安価(R31は豪華装備で高い、同価格ならローレル・マークⅡを買う)であること。

③どんなスカイラインがいいか⇒仮想RXは良さそう。

・走りが何よりも重要、走らないクルマはスカイラインじゃあない。

・カッコよくスポーツカーみたいに走りに徹したクルマ。

・軽くてコンパクトなほうが良い。

④今欲しいクルマ、乗りたいクルマとその理由(若者層)。

・ソアラ、マークⅡ、プレリュード、BMW、メルセデスベンツ190、アウディ(日産車、とくにスカイラインの名前が出なかったのはショック)。

・カッコいい、他からバカにされない、自慢できる、センスがいい、女の子にもてる。

⑤スカイラインを購入した理由⇒クルマよりディーラーや購入条件が多い。

・足がいい、走りが良い。

・以前からスカイラインに乗っている。

・父が日産党で日産にしろといわれた。

・セールスと付き合いが長い、面倒見が良い。

・購入条件が良かった。

⑥マークⅡ購入者⇒商品の良さ、イメージの良さで買う。

・スタイルが垢抜けしている。

・高級感がある。

・皆乗っておりマークⅡならバカにされない。

⑦プレリュード購入者⇒商品の良さ、イメージの良さで買う。

・カッコいい。時流に乗っている。

・技術はホンダが一番と思っている(F1技術、新機構が多い)。

・女の子にもてる。

■プロダクト・マーケティング活動の結論

　以上の事前の市場調査により、低迷を続けるようになったスカイラインのイメージがどのようになり、それに対してどのような対策が必要か明確になった。

　スカイラインは知名度が高いが、イメージが不明確で、とくに若者のイメージが良くなかった。そのため、イメージの再構築が必要で、とくに若者に対するイメージアップが欠かせなかった。

　スカイラインは、他車にない特徴のあるクルマであることを強く期待されている。スカイラインは「走りのクルマ」であることでは全員一致。走らないスカイライン(走りを阻害するスペック、装備)は否定される。したがって、走りを主体としたコンセプトの明確なクルマでなくてはならないこと。

　また、スカイラインは他車のマネをして欲しくないという意向が強かった。スカイラインは他をリードするクルマであって欲しいと望まれていた。すなわち、スカイラインの独自性、先進性を強く出す必要があるということだった。

　次期モデルのR32のコンセプトは若い層、クルマ好き団塊世代などに受け入れられると思われた。予想通り、仮想RX(R32)のコンセプトは市場適合性が高いことが検証できたのである。

第5章 R32スカイラインの開発

5-1. 開発基本構想と商品計画

■開発宣言

1986年1月から、次期型スカイラインR32の開発活動がスタートした。マーケットリサーチをはじめとするプロダクト・マーケティング活動で検討してきた構想をもとに設計を始めることになり、具体化の事前検討が開始された。

開発から発売までのスケジュール表を設計管理部とともに作成した。さらに、新型ダブルウィッシュボーン・サスペンションの開発をシャシー設計と、車体のリアフロアをローレルと共用しないことにした場合の原価について車体設計と、デザインやエンジンおよびユニットなど各設計部署と重要課題について事前打ち合わせを行い、開発の大まかな見通しをつけた。

2月に日産の商品企画全体を統括し、各商品の役割や位置付けを決める商品企画室とR32の企画について調整した。日産の小型上級車の中で、スカイラインは走りに徹したクルマにすることでは我々の考え方と一致したが、車両のバリエーションについての考えでは意見が違っていた。

R32は直列6気筒2リッターのみとする企画室案に対して、私はR32のコンセプトは5ナンバー6気筒2リッターであるが、経過措置として、これまでの多数の4気筒1.8リッターユーザーに対する受け皿として4ドアで1車種残すべきと主張した。発売時期はR31不振のため3カ月早めて1989年5月とする。なお、GT-Rについては、構想は持っていたが、このときはやれる状況になかったので、開発宣言には入れなかった。

4 ドアスポーツセダン
GTS-t タイプM。

車両をコンパクトに
して、新感覚の軽快
に走るイメージを強
調した。

同2ドアスポーツクーペ。

　3月13日に関係部署にR32の構想を展開し、開発をスタートさせることを宣言し
た。商品開発室からR32開発の基本方針、コンセプト、設定車種、主要諸元・主要ユ
ニット、販売台数や原価、開発日程などについて、概要(案)を説明し、今後R32プラ
ンニングセンターを設置して、担当設計とプロジェクト連絡会や課題別検討会など
で詳細な仕様や数値目標などを決定して行くことにした。

(1)基本方針

　名車スカイラインの復活と日産のイメージアップを図り、現行車の不振を一掃して販売台数の確保と収益の改善を図る。

1)コンセプト

　洗練されたデザイン、車両のコンパクト化、走りの性能重視に加え、車種の絞り込み等により、国内向けのみとし、コンセプトを明確にする。

⇒「スカイラインらしさを追求した高性能グランドツーリングカー」

2)ターゲットユーザー

　若者需要を狙ったトレンド・リーダー商品とする。

⇒20代半ばの独身男性をメインターゲットとする。

3)スタイル

　スカイラインらしいスポーティで躍動感のある斬新かつ個性的なスタイルを狙う。

4)性能

　コンセプトに合わせ、走る楽しさ・走りの性能に最重点をおくとともに、時代に合った高品質感、快適性など商品的魅力を向上し、実用性等は周辺他車なみとしてメリハリをつけた性能設定をする。

5)価格

　走行機能の装備を重視し、内外装の仕様は必要十分なものに絞る機能的なまとめ方とし、極力原価・販価を抑える(4ドア20DETエンジン搭載車で250万円程度)。

6)開発日程

　1989年5月発表、発売とする。

(2)具体的な狙い

1)オッと思えるセンスが良いダイナミックなスタイルとする。R32の成否はスタイルで決まる(セールスポイントは①スタイル、②走り、③バリューフォアマネー)。

2)基本性能の高さを裏付ける先進のテクノロジーを投入する。

3)コンパクトボディに高性能6気筒エンジンで走りはナンバーワンを狙う。

4)ローレル、セフィーロと差別化し、マークⅡとは異なる価値観で勝負する。

5)台数・価格は月8000台で250万円程度を狙う。

(3)基本仕様(案)

1)車型:4ドア・ピラードハードトップと2ドア・スポーツクーペ

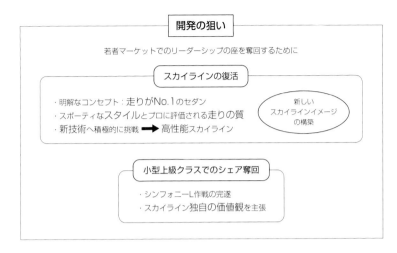

●設計に当たって方針を徹底し、理解してもらうための説明図

2) エンジン：RB20DET、RB20DE、4ドア車のみRB20E、CA18i

3) 車両寸法　（ベンツ190EとBMW525iの中間サイズ）

　全長×全幅×全高：4ドア車4550×1695×1345mm

　　　　　　　　　　 2ドア車4500×1695×1325mm

4) 車両重量(4ドア)：1260kg以下（−140kg、160kg/m²）を狙う。

5) ホイールベース：2615mm

6) トレッド：1460mm

7) サスペンション：フロント・ダブルウィッシュボーン、リア・マルチリンク

8) 高速フルタイム4WDを検討する。

(4) 小型上級車市場動向（市場調査データ）

・小型上級車市場　4万台／月　マークⅡ系伸び大。R31不振。

・6気筒2リッターツインカムの伸び大、販価200万円以上が63％。

・R31は4ドアハードトップを追加してもセダンが不振で、全体でも大幅減。

・エンジンはRB20DEが不振。

・マークⅡは他車取りが多いが、スカイラインは自銘柄守り型で他車取りが少ない。

・スカイラインは20代が減り、年配者が増加。

(5)R31の評価(市場調査データ)

・スタイルは高級感が出たがローレルみたい。直線的、重厚でスポーティさに欠ける。

・内装は高級感、品質感はあるが、ゴテゴテ、絶壁感がありマークⅡとの差大。

・足は良い。とくにHICASはすばらしい。

・RB20DEの期待が大だったが出足、加速感が期待はずれ。鈍重で軽快感に欠ける。

・RB20DETの価格が高い(301.8万)。高価格イメージがついた。

・若々しい、スポーティイメージが下がり高級、格調高いイメージは上がったがマークⅡとの差は依然として大きい。

■開発基本構想

　開発宣言以後、プロダクト・マーケティング活動やプロジェクトチーム活動などで、R32の位置付け、コンセプト、ターゲットユーザー、設計仕様、目標性能、計画台数、原価・投資・収益目標、発売日程などを詳細に検討し、1986年7月に開発基本構想として役員会に提案し了承された。

　このときにR32のイメージリーダーとしてGT-Rを設定することも正式に決まり、7月31日商品開発室からR32基本構想書を発行して本格的に設計開発がスタートした。プロダクト・マーケティング活動の結果は、R32コンセプトビデオを作成して、社内のベクトル合わせに活用した。

(1)開発の狙い

1)ローレル、セフィーロ、スカイライン間でコンセプトを差別化し、小型上級車市場のシェア拡大を図る。

2)若者市場のリーダーの座を奪回するトレンドリーダー商品として、スタイルと走りの性能を最重視した商品とする。

(2)開発基本構想

1)コンセプト:スカイラインらしさを追求した高性能グランドツーリングカー。

・オリジナリティのあるスポーティなスタイルと気分の良い走りで、次世代のクルマを主張する高感覚・超性能車(人間の五感で味わえる高性能)。

・キーワードは「ダイナミック、オリジナリティ、ニュー、おしゃれ、ハイパフォーマンス」。

・ダイナミックで躍動感のある斬新かつ個性的なスタイル。

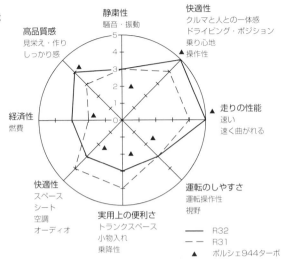

●スカイラインR32目標性能

走りの性能を最重点とし、それを実現するためにメリハリのある目標を設定した(3点が同クラス平均)。細部項目ごとに数値目標を設定し、その達成活動を遂行したが、フィーリング評価を重視した。

・走りが楽しい抜群の動力性能。

・基本性能の高さを裏付ける先進のテクノロジー。

2)メイン・ターゲットユーザー

　20代半ばでクルマへの関心度が高く、スタイル、走り、大人の雰囲気を重視し、自己表現、情報的価値重視の親と同居の独身社会人(ヤング背伸び派)。

3)設定車型、車種

・4ドアピラードハードトップ2WD(CA18i、RB20E、RB20DE、RB20DET)4WD(RB20DET)。

・2ドアクーペ2WD(RB20DE、RB20DET、RB24DETT)4WD(RB20DET)。

・高性能エンジン(RB24DETT)搭載のGT-R(以後GT-Xと称す)を設定する。

・CA18は経済性を重視する既存ユーザーのため車種を絞って設定する。

・仕向地は国内のみ、1エンジン1グレードとし、車種を79→18に削減する。

・ハードトップは軽量高剛性ボディにするためセンターピラー付きとする。

4)主要諸元(考え方)

・メカ部分は最小に、人間部分は最適に、を基本とする。

・外形寸法は全長、全高をつめ、多少コンパクトにして軽量化を図る。

・室内は5人乗りのスペースを確保するが、大人4人が普通に乗れること。

・車両重量は現行－140kgを目標とする。

・車両主要寸法

全長×全幅×全高：4ドア4550×1695×1345mm

2ドア4500×1695×1325mm

GT-Xは全幅1755m

・ホイールベース：2615mm

・サスペンション：フロント・新開発マルチリンク、リア・マルチリンク(HICAS)

5)目標性能(詳細略)

・走りの性能を最重点項目とし、RB20DETは2リッタークラストップとする。

・高品質感、快適性等は時代に合った商品魅力とする。

・その他実用上の便利さなどは周辺車並とする。

6)原価・投資・収益(詳細略)

費用の削減と原価低減の推進で収益の向上を図る。

7)計画台数と開発日程

月8000台。

1986年12月モデル決定、89年5月発表、発売。

■GT-Rの設定

　R32のコンセプトを固め、若者市場のリーダーの座を奪回するトレンドリーダー商品を開発することにしたが、市場に訴求するには、強力なインパクトを与えるイメージリーダーカーが必要である。

　1985年のインターテックレースでGT-Rを復活させる決意をしたが、今こそスカイラインの、そして低迷する日産のイメージを回復するにはGT-Rを復活させ、レースでその超高性能車振りを証明することが最も望ましいと考えた。R32は十分にその素質をもっており、GT-R復活は今しかないと思ったので、構想提案の直前に開発役員会の了解を得て急遽提案したのである。

　開発役員会には「技術の日産のイメージアップを図り、R32のイメージリーダーとしてGT-Rを復活させたい。このクルマはグループAレース世界選手権で総合優勝するポテンシャルを有し、トヨタのソアラの頂点イメージを陳腐化させるものとする」とした。

　エンジンについては、1988年からグループAのレギュレーションが変更になり、ターボ付きエンジンは排気量が1.7倍に換算され、NAエンジン排気量0.5リッターごとに最低重量とタイヤ幅が決められている。ターボ付き2.05、2.35、2.64、2.94リッター

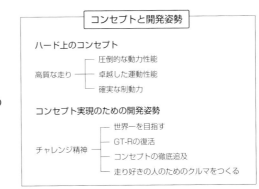

●R32スカイラインの開発の
狙いと具体的目標を示す図

【コンセプトと開発姿勢】

ハード上のコンセプト

高質な走り ─┬─ 圧倒的な動力性能
　　　　　　├─ 卓越した運動性能
　　　　　　└─ 確実な制動力

コンセプト実現のための開発姿勢

チャレンジ精神 ─┬─ 世界一を目指す
　　　　　　　　├─ GT-Rの復活
　　　　　　　　├─ コンセプトの徹底追及
　　　　　　　　└─ 走り好きの人のためのクルマをつくる

がNAの3.5〜5.0リッターに相当することになるので、それを加味して具体案を検討して提案した。

　スカイラインは直6エンジンであり、RBエンジンの評価を見直させるためにもRBエンジン以外は考えていなかった。排気量はグループAレースで勝てる確率を最優先に、GT-Rは2リッターにこだわらず3ナンバーで考えていた。レース部隊にはV6・3リッターを希望する意見もあったので、V6、V8エンジン搭載はR32のエンジンルームが2種類となり費用、開発工数とも増大し実現性は少なかったが、日産のエンジンで可能性が考えられるエンジンについて検討した。

　候補としてあげられたエンジンは、ターボ付きRB20(最低重量1100kg、タイヤ幅10インチ)、RB24(1260kg、11インチ)、V6・VG30(1420kg、12インチ)、およびノンターボV8・VH45(1260kg、11インチ)、そしてRB24を排気量アップしたRB26(1260kg、11インチ)、排気量ダウンのRB24改2.35リッター(1180kg、10インチ)、VG30改2.94リッター(1340kg、11インチ)などであった。

　これらをレーシングエンジンにした場合に想定されるパワーウエイトレシオから、富士スピードウエイにおけるラップタイムを算出し、絞り込んでいった。

　それぞれのレーシングカーとしてのパワーウエイトレシオと富士のラップタイムはほぼリニアなデータから判断して、RB26が最も望ましくRB24改2.35リッターも有力であった。しかし、RBエンジンは国内向けRB20、ローレル輸出用RB24、R31豪州用RB30と、排気量の異なる3機種があった。スカイラインとローレルにしか使わないのに、さらに、これに2.6リッターエンジンを追加して欲しいとは言いにくかった。現行R31スカイラインの収益性も良くなかったからである。そこで、1ランク下の2.35リッターで行ける可能性もあり、ストロークの変更は後からでも出来るので、とり

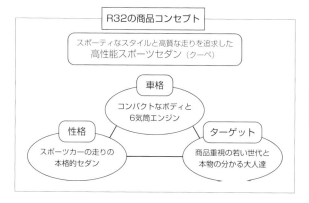

●開発コンセプトの説明図

あえずRB24のDOHC4バルブ、ツインターボの開発を提案し承認された。

　2.4リッターのRB24は、エンジンの高さが2リッターのRB20と同じであり、ショートストロークで高回転向きだった。ボアが3リッターのRB30と同じ86mmであり、大径のバルブが使えるので吸排気効率が良く、ポテンシャルの高いエンジンであった。トヨタ・スープラやジャガーなど3リッター以上の大排気量車に対しても、勝てる確率が高いし、スカイラインらしいと進言した。また、RB24なら駆動系も小型軽量型が採用できるメリットもあり、GT-R用に71C型6速ミッションの採用も、設計を説得して決めた。

　なお、GT-Rは社内外に与える影響が大きいので、秘匿のため社内では発売前までGT-Xの呼称で通すことにした。

　駆動方式は当初は2WDで考えていた。私は、4WDは重く構造も複雑になるし、操縦性にも問題があるうえに、サーキットレースでは実績もなかったため、プロのレーシングドライバーが操縦するレースでは、FRのままが良いと考えていた。

　R32スカイラインの頂点としてGT-Rを設定することが決まり、プロダクト・マーケティング活動でR32の販売戦略を論議した際に、日産プリンス自販の若い人から、"一般ユーザーには4WDが最新技術だという認識があって、2WDのGT-Rと、4WDのRB20DETと、どれがR32の頂点か説明に苦しむ。GT-Rが4WDならこれが一番だと判りやすい"といわれた。

　我々技術屋は理屈をこねてもっともらしい説明をするが、営業マンやお客様には判りにくいのかなと、私はずっと気にはなっていた。その後、GT-Rを4WDにするこ

とになったとき、これで名実ともにスカイラインの頂点として説明出来る、と彼の顔が浮かんできたのを覚えている。

■R32の商品計画

　基本構想に基づいて検討したR32の商品計画を1987年7月役員会に提案し承認された。
設計詳細検討により全長を30mm伸ばし、GT-RはRB26、ETSの4WDとした。

(1)狙い

　国内上級市場におけるトレンドリーダー商品として、スタイルの一新と商品力の強化を図り、セフィーロ、ローレルを含めて、このクラスでトヨタに拮抗するシェアの獲得と収益の改善を図る。

(2)設計計画

1)基本的考え方

　本格的高性能グランドツーリングカーとしてオリジナリティあるスポーティなスタイルと気分の良い走りで、次世代のクルマを主張する高感覚、超性能車とする。

・駆動方式はFRとし、より優れた運動性能を目指した4WD車を設定する。

・2.6リッター4WDの超高性能車GT-X(GT-R)を設定する。

・仕向地は国内のみとし、車種を絞って商品力の向上と費用の削減を図る。

・独自性を出すが共用化できるものは極力進め、軽量化、高性能、高収益性を追求する。

2)車両主要諸元

車型：4ドア・ハードトップと2ドア・クーペ

全長×全幅×全高：4ドア4580×1695×1345mm

　　　　　　　　　2ドア4530×1695×1325mm

　　　　　　　　　GT-X 4545×1755×1340mm

ホイールベース：2615mm

トレッド：1460mm、GT-Xは1480mm

室内長×幅×高：4ドア1850×1400×1105mm

　　　　　　　　2ドア1805×1400×1090mm

車両重量：4ドア1260kg(RB20DET)

　　　　　　2ドア1240kg(同上)

　　　　GT-X1350kg

3）設定車種・エンジン

　　4ドア2WD：CA18i、RB20E、RB20DE、RB20DET、4WD：RB20DET

　　2ドア2WD：RB20DE、RB20DET、4WD：RB20DET

　　GT-X4WD：RB26DETT

・1エンジン1グレードを基本とし、車種を79→18に整理する。

・サスペンションは全車新開発の4輪マルチリンクとする。

・4WDは新開発の電制トルクスプリットETSとする。

・位相反転式スーパーHICAS（4WS）、4輪アンチスキッド（4WAS）を一部車種に採用

する。

4）目標品質（詳細略）

・走りの性能はナンバーワンとし、高品質感、快適性はクラス上位を狙う。

・実用上の便利さ、耐久信頼性、経済性などは周辺車並とする。

5）設計計画費（詳細略）

　　現行車に対して20％以上削減する。

（3）販売計画（詳細略、ライフ平均、台／月）

　　4ドア：6500、2ドア：1500、合計8000台。

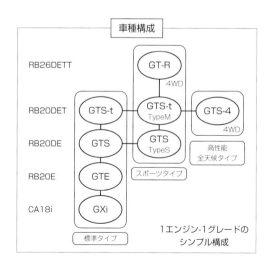

RB20DOHCを主
体に、1エンジン1
グレードのシンプル
な構成とした。

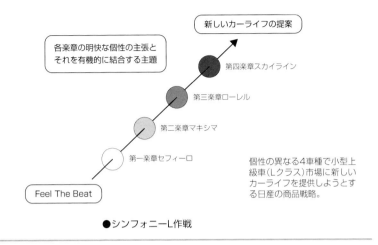

新しいカーライフの提案

各楽章の明快な個性の主張と
それを有機的に結合する主題

第四楽章スカイライン

第三楽章ローレル

第二楽章マキシマ

第一楽章セフィーロ

Feel The Beat

個性の異なる4車種で小型上
級車(Lクラス)市場に新しい
カーライフを提供しようとす
る日産の商品戦略。

●シンフォニーL作戦

(4)製造計画(詳細略)

1)基本方針はR32のコンセプトを具現化する製造ノウハウを結集する。

2)設備投資は現行車計画に対し半減を目指す。

(5)利益計画(詳細略)

・仕向地及び車種体系の見直しにより低収益車種の整理統合を図る。

・商品力の向上と合理的な原価配分を行い魅力ある商品開発を行う。

・関係部門一体の原価企画活動を充実し、原価低減を推進する。

(6)日程

　1989年5月発表、発売。ただし2リッター4WDは89年8月発売とする。

5-2. 設計・開発に取り組む姿勢

　開発宣言以降、具体的な設計開発を行う上で、以下の点に注意した。

　日産のような自動車会社であれば組織や技術はしっかりしており、開発の主管(リーダー)がいなくても、または各専門設計部署に丸投げしてもクルマはできる。しかし、ものはできてもコンセプトやクルマそのもの、味付けなどに統一された思想や調律された技が発揮できるとは限らない。大会社になればなるほど組織力を有

効に使い、優れた商品に仕立てて行くまとめ役のリーダーシップが不可欠である。出来るだけプロジェクトメンバーがやりやすい環境づくりに配慮するとともに、強い責任感とスカイラインに対する情熱、そしてR31の悔しさを忘れずにR32の開発に取り組んだ。

■組織や職位を乗り越えてホンネのクルマづくりをする

　明確な目標に向かって全組織が力を発揮すれば、最大の成果が出る。すなわち、プロジェクトの明確な目標と方針を共有し、各部が横断的連携をとりながらデザインはデザイン専門部署が、エンジン、シャシーなど各担当部署が最大限の力を発揮して開発することが最も望ましい。しかし、大組織になると、方針が徹底されなかったり、部門の方針で取り組みに差が出たり、他部署のことには無関心だったりすることが時々ある。たとえば「スタイルはデザイナーの仕事だから我々は関係ない。だけど、あのクルマはカッコ悪い。あれでは売れない」といって自分の責任を果たせば他は知らないとか、「素人はデザインに口出しするな」というように壁を高くしたりする。また「足はいいのにエンジンがダメだから走らない」と他人のせいにするようなことが、今までなかったとはいえない。

　私はR32プロジェクトメンバーに対して、お客さまの立場で、自分が買うつもりで他部署の仕事にも率直な意見をいい、ホンネでいいクルマをつくるように仕向けた。責任を明確にする組織の仕切りは必要であるが、仕切りを乗り越えてトータルパワーを出すことが大切である。また、技術論争には職位の階段がなく、第一線の若い人たちが自由に意見をいい、行動出来るように配慮した。

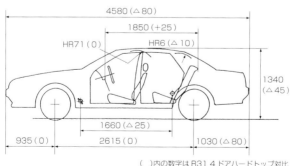

●R32とR31主要寸法比較（4ドア）

車両を軽量・コンパクトにして欧州の高性能車を凌駕する走りの実現を目指した。

（　）内の数字はR31 4ドアハードトップ対比
HR：ヘッドクリアランス

「テストドライバーの声は神の声と思え」といったのも、R31の厳しい評価をふまえて、設計・実験お互いが言い訳せず、データだけに頼らず、人間の感性を重視した気分の良い走りのテイストを徹底的に追求して、高いレベルの評価が得られるようにレベルアップするためである。

■高い目標にチャレンジする

高い目標を掲げても、それを達成するための具体的な方策がなければ絵に描いた餅になる。R32は走りに重点をおき、走りを阻害するものは極力排除するメリハリのあるクルマを目指した。その目標をヨーロッパの競合車を凌駕するトップレベルに置き、R32の頂点であるGT-Rはグループ Aツーリングカーレースで世界制覇を狙った。そして、シャシー設計が唱えた「901活動」(詳細は後述)が具体的な目標達成活動となった。

1980年代に入って、日本の自動車は欧米市場に対して量から質への転換を目指していた。シャシー設計はドイツのアウトバーンを200km/h以上で安心して走れるシャシーをつくり、現地の高い評価を得ようとしていたし、私もドイツでベンツやBMWに負けないようなクルマをつくりたいといったら、日本に出来るはずがないといわれて悔しい思いをしたことがあった。1990年に世界一を目指す「901活動」はGT-Rを核にして開発部門全体に広がり、日産の力を世に問う熱いチャレンジとなった。

5-3. 特に力を入れたデザイン

■エクステリアのデザイン
(1)デザイン優先

R32の重要課題の一つにデザインがある。私はそれまで数多くのクルマに関わってきたが、残念ながらデザインがすばらしいといわれたことはほとんどなかった。

私はデザインが決まり試作車が出来る段階から引き継いで、発表・発売して2年後のマイナーチェンジまで担当することが多かった。新型車の評判が悪いと販売で苦労するし、マイナーチェンジがどうしても大がかりとなり、お金をかけて大幅なデザイン修正をすることになる。マイナーチェンジでこんなに良くなるのなら、なぜ最初から良いデザインにしないのかとディーラーからいわれたことを覚えている。また、最初が悪いと、マイナーチェンジでどんなに努力しても、完全に挽回することは難しい。

●R32 4ドア・アイデアスケッチ

　商品性の7〜8割はデザインで決まると思う。良いデザインも悪いデザインもかかる費用（原価）は変わらないが、商品の売れ行きや収益性では大変な差が生じる。だから、私はデザインについては、このときももっとも重視し、注意を払った。

　R32はあえてトランクを切り詰めてもデザイン、とくに走るクルマのプロポーションを重視した。機能とデザインの両立が必要なことは十分理解している。そのクルマのコンセプトに合わせた機能とデザインを重視すべきである。残念だがR31、とくに4ドアはデザインの評価は良いとはいえなかった。クルマのコンセプトとデザインのマッチングもさることながら、直線と平面で構成したデザインそのもののレベルが低かったと思う。だから、R32ではデザイン優先でやってもらった。

　スカイラインはR30以後リアオーバーハングが大きく重たい感じが強かったので、R32はトランクを詰めていいからと私から提案した。ボンネットを低くするため、背の高いRB30やRD28エンジンの搭載はやめた。デザインで大切なのは、まずプロポーションだと思う。今までデザイナーは搭載するエンジンや設計で決める車体構造や

●R32 2ドア・アイデアスケッチ

レイアウトで制限され、良いプロポーションのデザインが出来ないといっていた。
だから、デザイナーはどうでもいい細部のデザインばかりに力を入れていると思っていた。

　私は商品の主管として企画・開発の最初からやるのは今回が初めてなので、デザイナーに本気で良いものをデザインしてもらおうと思った。

(2)新しい取り組み

　1986年2月中旬、造形部とR32のデザインの取り組みについて打ち合わせ、新しい手法をとり入れて検討することにした。

　3月初旬、ジュネーブショーに行き、ヨーロッパ車を中心にデザインの動向を調査

した後、新しい試みとして、ファッション異業種との交流やタウン・ウォッチングなどで、新しいカラーや若者の趣向動向を探った。さらに、テクニカルセンターを離れて東京の銀座にデザイン分室を設け、若手デザイナーを派遣して、新しい感覚のアイデアスケッチを描いてもらうことなどを始めた。

　アイデアスケッチはR32のコンセプトとスペックを説明したうえで、4ドアモデルからスタートした。プロダクト・マーケティング活動を通じてR32のデザインキーワードを「ダイナミック、オリジナリティ、ニュー、おしゃれ」としていたので、これらを考慮しながら、アイデアスケッチを描いてもらった。

　デザインは出来るだけ自由にやってもらうが、条件は付けた。原価と重量を極力抑えるため、華美な装飾は付けないで高質感を出すこと。ランプ類は分散しないで一体化してまとめるなど、極力部品点数を減らすこと。テールランプは伝統のリング丸4灯とする。これはスカイラインの家紋である。

　5月中旬に、銀座の日産本社でスケッチを見せてもらった。新しい感覚のアイデアスケッチを見て、はたと困った。クルマのデザインは、10年先でも陳腐化しないものを選定しなければならないが、スカイラインがこんなに進んでよいものか決めかねた。そこで、NTCにいるスカイラインに関わったことのあるデザイナーにも入ってもらい、両チームの作品から選定することにした。

　6月中旬に両チームのスケッチから4ドア、2ドア各4案を選び、1／4の立体クレイモデルをつくることにした。9月初旬に1／4モデルからそれぞれ2案に絞り、デザインの修正を加えながら、フルサイズ・クレイモデルに移行した。若手グループ発想の新しい感覚のA案と、従来のスカイラインのイメージが感じられるB案である。

(3) フルサイズ・クレイモデルで難航

　フルサイズ立体モデルになると、面のつながりやハイライト、ボリューム感などスケッチや小さなスケールモデルでは判らない、いろんな問題がクローズアップされる。B案は比較的スッキリした面だったので順調に形が整ってきたが、フロント・ホイールオープニングからリアに走るキャラクターラインのA案は、面が複雑で見る角度によって捻れて見えるなど、なかなかまとまらなかった。1／4モデルで再度見なおしたり、デザイナーとクレイを削るモデラーが必死で取り組んでいた。まとまりの早いB案を私が選定するのではないかとデザイナーが感じたのか、もっと新しい感覚を入れて玉成するように要望しても、B案は守りに入って進歩の度合いが遅くなった。

A 案

B 案

決定モデル

●R32　4ドア・フルサイズ・クレイモデル　　最終的にA案を選定し、
　　　　　　　　　　　　　　　　　　　　　　生産モデルを決定した。

　10月末と11月初めにフルサイズのクレイモデルで、社内若手によるアンケート調査を実施して反響をみた。A案は新鮮なデザインだがヌルッとしてシャープさが足りない。B案はスカイラインらしさがあるが新鮮さが足りないとの評価で、方向性も決められなかった。

　モデル決定が12月と迫っていたので、造形部と対応を協議した。A案はなかなかまとまらないし、B案は進歩が止まっているし、思いきってA案をつぶしてB案にA案の新しさを入れてやり直したらどうか、とコメントしてみた。すると、デザイナーが発奮し、A案が見違えるようにまとまってきた。素人の私が失礼なことをいったが、私も必死の思いだった。

　12月末に再びアンケート調査を行った。社外クリニックも実施した。予想通りA案が支持された。商品開発室から商品本部に組織変更になった1987年1月初旬、R32のモデルが決定した。A案の超感覚スカイラインである。

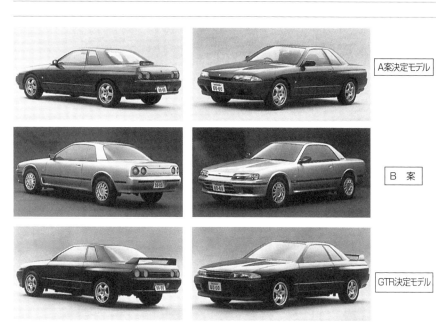

●R32・2ドア フルサイズ・クレイモデル　　　4ドアと合わせてA案を選定
　　　　　　　　　　　　　　　　　　　　　し、生産モデルに決定した。

(4)ホンネの議論

　今まで日産のデザインは、年寄りが口を出すから良いデザインが出来ないといわれていたが、私はそう思っていない。デザインはデザイン部署が先見性をもって立案し、提案してトップが承認する。その間、いろんな意見を出し合って検討するのは当然であり、デザイナーの意向を無理に曲げたり、丸投げして責任もとらないのも良くないと思うが、今までそんなことはなかったと思う。

　ただ、デザイナーが自信を持って主張せず、年寄りの意見を鵜呑みにしたり、承認されやすいデザインを選定して提案していたとしたら、それは年寄りに責任を転化したことになる。市場における事前のデザイン・クリニックで公正に評価し、確認することが大切である。

　デザインはデザイナーの職務だから、責任と権限を持って主体的に取り組むべきであるが、お客様の声を無視してはならないと思う。R32のデザインについては、デザイナーの意向を尊重しながら、商品の責任者である私を含めてプロジェクトのメンバー皆でホンネの意見をいい合い、自分が買うつもりで一緒になってまとめてきた。もちろん、デザイナーが納得し主体性を持ってデザインしたのはいうまでもない。

■スポーツカー感覚を狙うインテリアデザイン

インテリアもエクステリアと同様、R32のコンセプトを実現する新しい感覚のデザインを採用し、スポーツマインド溢れる、機能的でシンプルなインテリアにまとめることにした。

室内は、広々感よりも、適度に包まれたスポーツカーのように運転することが楽しいコックピットの雰囲気を出した。運転席に座っただけで気分が高まり、走る喜びが感じられるような雰囲気を大切にした。そして、ドライバーが自然に手を伸ばせば操作できるようにメーターやスイッチをレイアウトした。

メーターはスピード、タコ、油圧、水温、電圧、燃料の6連メーターとし、ここにもスカイラインこだわりの水平指針メーターを採用した。ライトやワイパーのスイッチなどはメータークラスターの両サイドに取り付け、手を伸ばせば楽に操作できるように配置した。

ステアリングコラムはウインカー＆パッシングレバーのみでスッキリとさせ、他車にない新鮮な雰囲気が出せたと思っている。オーディオや空調操作パネルを収めたセンターベゼルは、ドライバー側に傾けて操作性を良くしているが、アシスト側

●インテリア・アイデアスケッチ

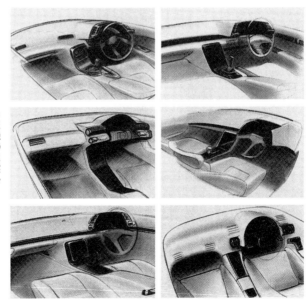

種々のアイデアスケッチが提案された。スポーツカー感覚の機能や雰囲気、上級の質感などを中心にスケッチを選定し、実物大のクレイモデルに移行する。

115

●4ドアスポーツセダンGTS-tタイプMの運転席とインテリア

スポーツカー感覚で機能本位のインテリアを設定した。最適なドライビングポジションが得られるようチルト＆テレスコピックステアリング、サポート性の良いスポーツシート、6連メーターや各SW類等、視認性と操作性を重視した。

からも使えるように配慮し、手前を低く傾けて圧迫感を少なくしたインストルメントパネルは、回り込んでドアトリムにつながりをもたせたデザインとした。

　1986年6月にエクステリアと合わせてスケッチの選定をし、7月末クレイモデルで詳細検討した後、9月末に最終案を決めた。

　シート、ステアリングホイール、トランスミッション・シフトレバーノブ、各部スイッチなど人が触れる部位については、形からだけでなく、材質、触感など機能を確認しながらデザインを決めた。2リッター上級車とGT-Rのステアリングホイールは外径370mmの本革巻きで、ちょっと縦長で太巻きの断面形状であるが、これはテストドライバーの意見で決まったものである。

5-4. ボディ及びパワートレーンの設計

■ボディ

コンパクトで軽量・高剛性

R32・2WDは4ドアが全長4580mm、全幅1695mm、全高1340mm、ホイールベース2615mm、2ドアは全長4530mm、全高1325mmで、R32のコンセプトに沿ってコンパクトな軽量、高剛性のピラード・ハードトップボディとした。全長はヘッドランプなど細部設計する際にフロントを30mm伸ばす必要が生じ、生産モデルから4ドアを4580mm、2ドアを4530mmに変更した。

日産はこれまで、会社の方針として4ドア・ピラーレスハードトップを売りものにしていたが、R32のコンセプトを実現するには軽量で高剛性の車体を開発する必要があるため、センターピラーを付けて15kgの軽量化を目標に社内の合意を得た。また、ボディの捩り剛性を向上させるため、リアシートバックパネルを取付けてトランクスルーをやめた。その後、日産も車体の軽量化と高剛性を実現するため、4ドア・ピラードハードトップを採用するようになった。

R32は高性能スポーツセダンとするため、次の5点を重点目標にして車体を開発した。

●高張力鋼板使用部位

高剛性ボディにするとともに、軽量化は重要な課題であった。そのためにボディ各部の板厚及び結合部の合理的設計を心がけると同時に高張力鋼板を多用した。

●高剛性ボディの補強部位

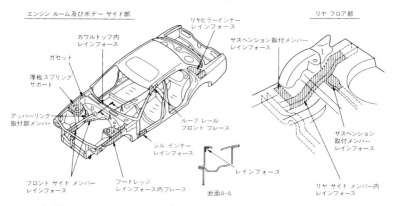

エンジン ルーム及びボデー サイド部

リヤ フロア部

リヤピラーインナー
レインフォース

カウルトップ内
レインフォース

ガセット

厚板 スプリング
サポート

アッパーリンク
取付部メンバー

フロント サイド メンバー
レインフォース

フードレッジ
レインフォース内フレース

サスペンション 取付メンバー
レインフォース

ルーフ レール
フロント フレース

シル インナー
レインフォース

レインフォース

断面A-A

サスペンション
取付メンバー
レインフォース

リヤ サイド メンバー内
レインフォース

高剛性ボディの実現のためにコンピューターによる構造解析やサイドシル断面・リアピラー断面へのコの字型レインフォースの採用を図り、さらに主要骨格結合部の補強を実施した。

●ドアパネルの剛性補強

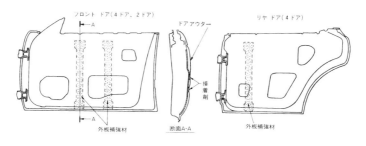

フロント ドア（4 ドア、2 ドア）

ドアアウター

リヤ ドア（4 ドア）

接着剤

外板補強材

断面A-A

外板補強材

①高剛性でしっかり感が高いこと。

②軽量であること。

③空力特性が優れていること。

④静粛性に優れていること。

⑤長期間、美観を保つ高品位であること。

　そのため、主要骨格断面のレインフォースによる補強や結合部の補強、サスペンション取付け部の補強などによる高剛性ボディの実現、高張力鋼板の多用による軽量化、フロアパネルの剛性向上などにより静粛性、フラッシュサーフェス化やパネルのパーティング縮小化による空力性能の向上、表面処理鋼板による防錆や塗装鮮映性の向上などを実施した。

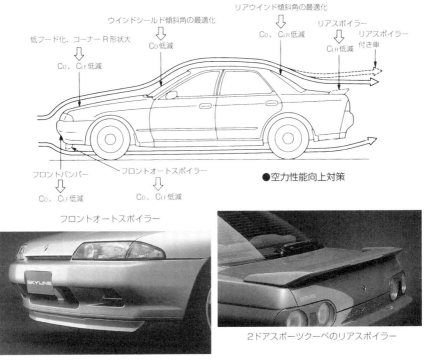

リアウインド傾斜角の最適化

ウインドシールド傾斜角の最適化

リアスポイラー

低フード化、コーナーR形状大

C_D、C_{LR}低減

リアスポイラー
付き車

C_D低減

C_{LR}低減

C_D、C_{LF}低減

フロントバンパー

フロントオートスポイラー

●空力性能向上対策

C_D、C_{LF}低減

C_D、C_{LF}低減

フロントオートスポイラー

2ドアスポーツクーペのリアスポイラー

これまでと同様に車速センサーにより走行速度を検知し、モーター駆動によって自動的にフロントスポイラーをアップダウンさせるスポイラーがGT系にオプションで設定された。

　1987年10月に4ドア試作車が完成した。ホワイトボディは255kgで目標を15kgクリアしていた。しかし、大きな問題が発生した。センターピラーが太く、前席に乗降する際、ピラー・ガーニッシュに背中が接触することが判明した。モックアップ（実物大の模型）で確認していたはずなのに。

　直ちに設計関係者を呼んで原因を調べたら、若い技術者が6人も来た。どうやってピラーの太さを決めたのかと聞いたら、ピラーの車体構造設計、ウエザーストリップ、ピラーガーニッシュ、シートベルト・アンカー、ドアロックなどの各設計担当者がそれぞれ必要なスペースを出してピラー周りの計画図をまとめた結果だと聞かされた。

　担当が細分化され、寄せ集めの設計で総合的な判断が見過ごされていたのだ。責任者を呼んで問題になる部分を約20mmカットするよう、設計変更を依頼した。開発中の大きいミスは、これだけだった。

901活動を通じて車体剛性、とくにサスペンション取付け部の剛性が高速操縦性安定性に大きな影響を及ぼすことを再認識することができた。

■パワートレーン
（1）エンジン

　R32のコンセプトを実現するうえでエンジンは重要な役割を担うため、R31後期型で改良したRBエンジンにさらに磨きをかけた。出力の向上と同時に、ドライバーのフィーリングに合うレスポンスの向上を重視した。エンジンは直列6気筒RB20DOHC系をメインとし、4ドアにのみ直列6気筒OHCのRB20Eと直列4気筒のCA18iを残した。

1）RB20DET

　R32のメイン車種用のエンジンとして性能向上に力を注いだ。俊敏なレスポンスを実現させるため、量産車としては世界で初めて軸受にボールベアリングを使ったハイフロー・セラミックターボを開発して採用した。これにより、ターボ軸受のフリ

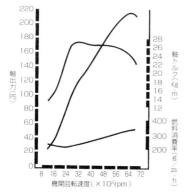

●RB20DETエンジンの性能曲線

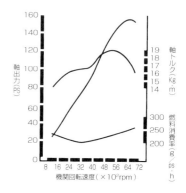

●RB20DEエンジンの性能曲線

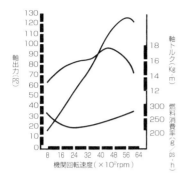

●RB20Eエンジンの性能曲線

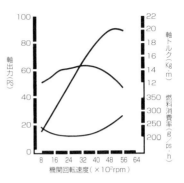

●CA18iエンジンの性能曲線

クションを約50%低減することができ、レスポンスを大幅に向上させた。また最大過給圧、インタークーラーの吸気抵抗と冷却効率などの見直しによって、最高出力215ps/6400rpm、最大トルク27kg-m/3200rpmを発揮した。

2)RB20DE

NAエンジンならではのスムーズな吹き上がりとシャープなレスポンスに磨きをかけるため、吸入空気の流速を上げるエアロダイナミックポート(ADポート)の採用やインジェクター位置の最適化などの改良を行った。最高出力155ps/6400rpm、最大トルク18.8kg-m/5200rpmとした。

3)RB20E

ADポートの採用や吸気系を改良し、4ドアのみに1車種設定した。

4)CA18i

電子制御シングルポイント・インジェクションの経済性に優れた実用的エンジンを4ドア1車種に採用した。

(2)ドライブトレーン

エンジンのパワーを確実に路面に伝え、気持ち良いスポーティなドライビングが楽しめるようフィーリングに重点をおいた開発をした。

1)マニュアルトランスミッション

軽くてスムーズな操作やリストワークによる素早い操作ができるよう、ダブルコーンシンクロの採用とシフトストロークを短縮した。

2)オートマチックトランスミッション

●マニュアルトランスミッションの断面図

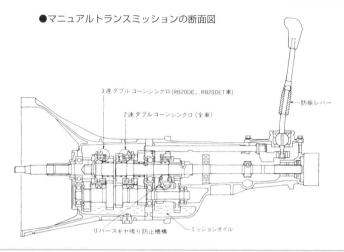

3速ダブルコーンシンクロ(RB20DE、RB20DET車)

2速ダブルコーンシンクロ(全車)

防振レバー

リバースギヤ鳴り防止機構

ミッションオイル

●シフトノブとAT車用セレクターレバー

　スムーズな変速とマニュアルシフト感覚のスポーティな走りを実現するため、エンジン・オートマチック総合制御システムとホールドモード付きフルレンジ電子制御オートマチックトランスミッションを採用した。

3)リミテッドスリップデフ(ビスカスLSD)

　エンジントルクを常に効率良く路面に伝え、発進・加速性能、直進安定性、コーナリング性能を向上し、スポーティ走行でも高いトラクションと走行安定性を実現するため、RB20ターボ車に採用した。

●ビスカスLSDの断面図

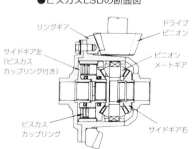

リングギヤ

ドライブピニオン

サイドギヤ左
(ビスカスカップリング付き)

ピニオンメートギア

ビスカスカップリング

サイドギヤ右

5–5. シャシーの設計

■サスペンション
(1)マルチリンクサスペンション設定の経緯

　世界トップレベルの走りを目指すR32の重要なポイントが、シャシー性能である。とくにサスペンションは、これまで私が設計したGC10以来、フロント・ストラット、リア・セミトレーリングアームの4輪独立懸架を改良しながら長い間にわたって使い続けてきたので、R32は最新のサスペンションを採用しようと思っていた。

　1985年4月にシャシー設計部からリアサスペンションについて、セミトレーリングアームに代わる新しいマルチリンクサスペンションを開発し、1988年夏に発売のS13シルビア、A31セフィーロから採用すると発表された。

　このサスペンションは、1981年頃から始めたヨーロッパにおける高速操縦安定性向上の研究・実験の結果生まれたもので、常にタイヤを路面に対して直立させ、タイヤの性能を最大限に発揮させてクルマの運動性能を向上させるとともに、進行方向に対するタイヤの向きを最適化して安定性を高めることを狙いとしたものである。ベンツ190Eでもマルチリンク式独立懸架が採用されていた。

　1986年1月、R32シャシーについてシャシー設計との打ち合わせで、リアサスペンションは新マルチリンク式独立懸架があるので、フロントサスペンションにも新しいダブルウィッシュボーンの開発をお願いした。しかしながら、あまり積極的な返

サスペンションのテスト用につくられたサスペンション・テストベッド(STB)。

事でなかったので、開発費はスカイラインで持つからとお願いして引き受けてもらった。

　その後、車両研究所やシャシー設計部で種々のフロントサスペンションについて性能検討し、1986年夏に車両研究所とシャシー設計から小さな模型を使いながら、ハイマウントアッパーリンクのマルチリンクサスペンションの説明をうけた。

　全く新しい発想のサスペンションで、大きな前進角を持つアッパーリンクとキングピン軸を支えるサードリンクで構成したダブルウィッシュボーンサスペンションの変形型であった。サスペンション・ボールジョイントとアクスルハウジングとサードリンクを結ぶ回転軸がキングピン軸となっており、キングピンオフセットやキングピン傾斜角、キャスター角などを任意に設定できる。その上、直進時や転舵時にタイヤが路面に対して直立し、タイヤの性能をフルに引き出すよう対地キャンバー変化を制御できる特徴を持っていた。アッパーリンクブッシュのこじれやサードリンクの剛性が懸念されたので議論し、対策は可能と判断して、最高の性能が期待できるので採用することにした。

　R32の開発基本構想提案に入れて新マルチリンク・フロントサスペンションの採用が承認された。R31を改造した先行試験車やサスペンション開発用につくられた特殊車両のサスペンション・テストベッド(STB)による4輪マルチリンクサスペンションのテストを1986年秋から開始した。

　サスペンションは、路面の凹凸からのショックを吸収して乗り心地を良くするこ

●マルチリンク式フロントサスペンション

フロントホイールアライメント(空車時)はキャンバー：−0°50′（−0°55′）、キャスター：6°30′（3°30′）、トーイン：1mm、キングピン傾斜角：12°50′（15°25′）
いずれも2WDで、かっこ内は4WDを示す。

124

マルチリンク・フロントサスペンションの機能

● 理想的なステアリングアクシス配置

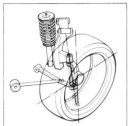

アッパーリンクの制約にとらわれないために自由度が大きい。

・キャスター角の適性化
・キャスタートレールの適性化
・スクラブ半径の適性化

● アッパーリンクハイマウント型ダブルリンク

アッパーリンクとロアリンクの長さ、角度の自由度が大きい。
上下リンク間スパン拡大によるアライメント剛性が高い。

・スカッフ変化の抑制
・タイヤ対地キャンバーの適性化
・アライメント剛性の向上

● ツイステッドアッパーアーム

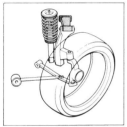

直進時は長いアッパーリンクとして作用する。
旋回時は、外輪側が短いアッパーリンクとして作用し、内輪が長いアッパーリンクとして作用する。

・対地キャンバーの適正化による直進性と旋回性の向上
・アンチダイブとアンチリフトによるフラットライドの実現

● サードリンク

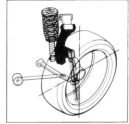

理想的なステアリングアクシスと理想的なアッパーリンクを結ぶ第3のリンク。

・最適アライメントの実現
・スプリング、ショックアブソーバー、スタビライザーの効率的な配置
・駆動輪への採用が容易

● **フロントサスペンション主要諸元**

主要諸元	エンジン	RB20DET	RB20DE	RB20E	CA18i
ショックアブソーバー 減衰力 (kg) (0.3m/sの時)	伸び側	107〈99〉	93(107)	99	99
	縮み側	34	33(34)	38	38
コイルスプリングばね定数 (kg/m)		2.2	1.8(2.2)	1.8	1.8
スタビライザー外径 (mm)		φ21			

とと、タイヤがしっかり路面をつかんで加減速や旋回時にクルマの姿勢を制御するなど、クルマにとっては非常に重要な役割を持っている。操縦性安定性では、フロントタイヤで舵を切り、クルマに旋回モーメントを発生させ、リアタイヤで踏ん張って安定させる。

　つまり、フロントサスペンションは操縦性を、リアサスペンションは安定性をつ

●アッパーリンクの配置とステアリングアクシスの最適化

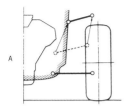

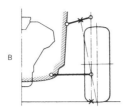

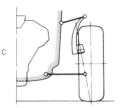

一般のダブルウィッシュボーンサスペンションでキャンバー剛性を高めるにはハイマウントアッパーリンクにして、ロアリンクとのスパンを広げる必要があるが、エンジンと干渉するためアッパーリンクを外側へ出さざるを得ない（A）。

しかし、ハイマウントにするとスクラブ半径が大きくなり、4WAS作動時接地面に発生するブレーキが小刻みに変動するときステアリングが左右に振られてしまう。そこで、スクラブ半径が大きくなるか、アッパーリンクを短くして、その妥協点を探すことになる（B）。

アッパーリンクを最適キャンバー変化になるように長さと初期角度を設定し、同時にステアリングアクシスも最善になる位置にサードリンクを配置したのがマルチリンク・フロントサスペンションである（C）。

●ツイステッドアッパーアームの効果

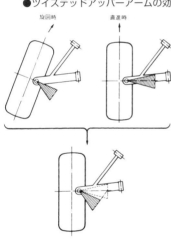

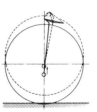

前方内側に向いた斜めの揺動軸を持つアッパーリンクは、直進時にはリンクの実効長（タイヤと直角な方向に存在する仮想のリンク長さ）が長くなり、ストロークに対するキャンバー変化を最小に抑え、いっぽうでコーナリング時には外輪側の実効長が短くなるため、車体のロールに合わせた最適キャンバー角が設定できる。

●ハイマウントアッパーリンクとアライメント剛性

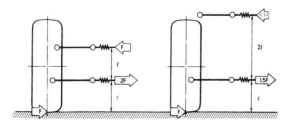

旋回外輪にコーナリングフォースが発生し、サスペンションに力が加わるとき、上下のリンクのピボットに作用する力は、レバー比の違いにより、アッパーリンクを上方に配置したほうが小さくなる。各ラバーブッシュの剛性を同一と仮定すると、入力が小さければ変化も小さい。つまり、剛性が高いことになる。
ハイマウントアッパーリンクでは乗り心地を良くするためにソフトなブッシュを使っても、高いアライメント剛性を確保することができる。

かさどる。4輪マルチリンク・サスペンションは、あらゆる走行状態でタイヤの性能を最大限に発揮させるようにサスペンション・アライメントを設定しており、操縦性安定性が格段に向上した。

そのために、テストドライバーによる過激な操縦安定性試験のほうが、サスペンションにとっては通常の耐久走行試験より過酷な入力となり、強度耐久性は操縦安定性の試験で決まったくらいサスペンションの性能が高まったのである。

(2)マルチリンク・フロントサスペンション

ダブルウィッシュボーンを進化させたマルチリンク式で、サードリンクを上下のリンクに組合せて理想的なステアリングアクシスを設定できるようにした。また、ハイマウント・アッパーリンク、ツイステッド・アッパーアームを採用することで、タイヤを路面に直立させ、タイヤの性能を最大限発揮させて直進安定性、制動安定性、コーナリング安定性などが格段に向上した。

(3)マルチリンク・リアサスペンション

4本のリンクでハブキャリアを保持し、アッパーリンク、ロアーリンクのダブルリンク方式と、旋回時や制動時にタイヤがトーイン方向になり、クルマを安定させるようにコンプライアンス・トーコントロールさせるDARSシステム、ダブルアッパーリンクを構成し、常にタイヤを路面に対して直立させ、タイヤの性能を最大限に発揮させてクルマの運動性能を向上させるとともに、進行方向に対するタイヤの向き

●マルチリンク式リア
サスペンション

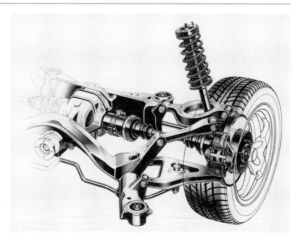

リアホイールアライメント(空車時)
はキャンバー：−0°55′、トーイ
ン：2mm。

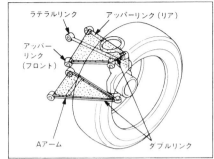

マルチリンク・リアサスペンションの特徴

●ダブルリンク方式

・コーナリング性能の向上：対地キャンバーの適性化、ジャッキアップ現象の抑制。
・直進安定性の向上：スカッフ変化の防止。

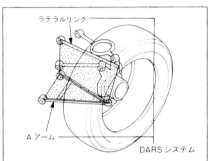

●DARSシステム

・コーナリング性能の向上：旋回時の横力に対する外輪のトーイン化。
・制動安定性の向上及び旋回中制動時の姿勢の安定化：フットブレーキ時、エンジンブレーキ時の制動力によるトーイン化。

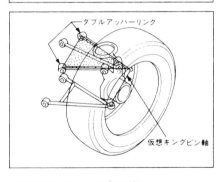

●ダブルアッパーリンク

・制動時の車両姿勢変化の安定化：制動時のトーイン量の最適化。

ダブルリンク方式により、アンチリフト、アンチスカット・ジオメトリーが得られ、フラットな乗り心地となる。つまり、制動時のテールリフト及び発進時や加速時のテールスカットが抑えられる。

●リヤサスペンション主要諸元

主要諸元	エンジン	RB20DET	RB20DE	RB20E	CA18i
ショックアブソーバー 減衰力 (kg) (0.3m/sの時)	伸び側	97〈90〉	90(97)	90	90
	縮み側	34〈33〉	33(34)	30	30
コイルスプリングばね定数 (kg/m)		2.2	1.8(2.2)	1.8	1.8
スタビライザー外径 (mm)		φ16〈φ25.4〉	——(φ16)	——	——

注：4WD車のスタビライザーは中空タイプ 　　　〈 〉は4WD車、( )はSUPER HICAS装着車

を最適化して、直進安定性、旋回安定性、制動安定性を高めた。

(4)スーパーハイキャス

　ドライバーの意のままにクルマが反応するよう後輪を制御するもので、R31の
HICASから、より自然な挙動でドライバーの感覚に忠実な特性を発揮する高度なも
のに進化させた。主な特徴は
①位相反転制御：ステアリングの切り始めは、一瞬後輪を前輪と逆方向に操舵し
て、クルマの向きを変えるヨー運動を発生させ、次に素早く前輪と同方向に切り返
してヨー運動を収斂させて、安定したコーナリングを実現させる。
②操舵角、操舵速度に応じた制御：ステアリングを切る量や速さに応じて後輪を制
御し、ドライバーの感覚に忠実な動きをさせる。
③速度制御：車速に応じて中低速では回頭性を良くし、高速走行では応答性、収斂
性を高めるよう制御する。

■ステアリング

　車速に応じて、アシスト力を広い範囲できめ細かに制御出来るよう、油圧制御バ
ルブを2段直列に設定し、あらゆる走行状況で理想的なアシストが得られるように
した。とくにカウンターステアのような素早い転舵を行っても操舵力がリニアに
応答するので、スポーツ走行でもドライバーの要求に確実に追従する特性が実現

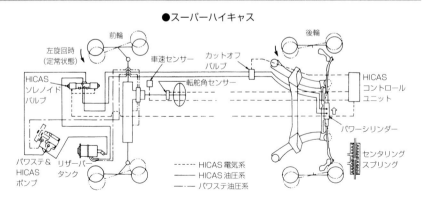

●スーパーハイキャス

ドライバーの意のままにクルマの操縦ができるように、車速、ハンドルを切る速さ、大きさ等を
センシングして前後輪の向きを変えるが、あくまでも人間の感覚に忠実なフィーリングを追求
し、HICASの存在を感じさせないチューニングを行った。後輪の操舵角は最大1°である。

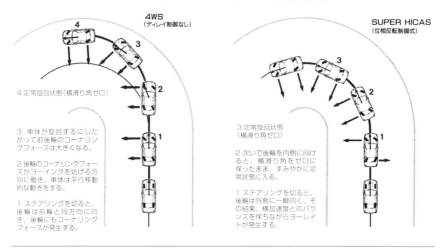

●4WSとスーパーハイキャスとの車両挙動比較

4WS
（ディレイ制御なし）

SUPER HICAS
（位相反転制御式）

4.定常旋回状態（横滑り角ゼロ）

3．車体が旋回するにしたがって前後輪のコーナリングフォースは大きくなる。

2.後輪のコーナリングフォースがヨーイングを妨げる方向に働き、車体は平行移動的な動きをする。

1.ステアリングを切ると、後輪は前輪と同方向に向き、後輪にもコーナリングフォースが発生する。

3.定常旋回状態
（横滑り角ゼロ）

2.次いで後輪を内側に向けると、横滑り角をゼロに保ったまま、すみやかに定常状態に入る。

1.ステアリングを切ると、後輪は外側に一瞬向く。その結果、横加速度とのバランスを保ちながらヨーレイトが発生する。

できた。

■ブレーキ

1) アルミキャリパー対向ピストンブレーキ

　走る、曲がる、止まる性能を高次元でバランスさせた高性能スポーツセダンに相応しいブレーキとして、GTS-tタイプMとGTS-4にアルミキャリパー対向ピストンブ

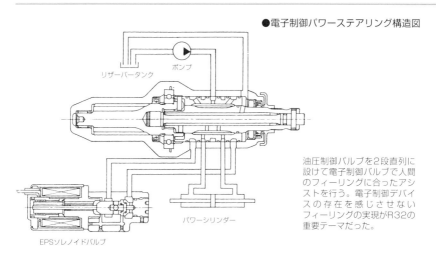

●電子制御パワーステアリング構造図

リザーバータンク　　ポンプ

油圧制御バルブを2段直列に設けて電子制御バルブで人間のフィーリングに合ったアシストを行う。電子制御デバイスの存在を感じさせないフィーリングの実現がR32の重要テーマだった。

パワーシリンダー

EPSソレノイドバルブ

GTS-tタイプMとGTS-4に採用したアルミキャリパー対向ピストン・ディスクブレーキ。

レーキと大容量ローターを採用した。

2)4輪アンチスキッドブレーキ

2WDには左右前輪と後輪にホイールの回転を検出する3センサー3チャンネル方式、4WDは前後輪4センサー3チャンネル方式のアンチスキッドブレーキを採用し、路面状況やブレーキ状況に応じてブレーキ油圧を電子制御して車輪のロックを防止し、確実なブレーキ性能とステアリング操作を可能にした。

■タイヤ＆ホイール

GTS-tタイプMとGTS-4に205/55R16-88Vタイヤと16×61/2JJアルミホイールを採用した。アルミホイールはGT-Rと類似したデザインを採用した。

■空調、オーディオ

エアコンコンプレッサーの稼動を必要最小限に制御して約5%の省エネを実現し、環境条件に応じたきめ細かい自動制御をする電子制御アクティブフルオートエアコンを設定した。GT系にセドリック／グロリアと同じPROアコースティックサウンドシステム、オプションとしてイコライジング回路、オートラウドネス回路をもつ電子制御アクティブサウンドシステムを採用した。

■認証

1988年10月頃から官庁と事前打ち合わせを行い、1989年1月に書面による新型車の届出、2月試験車による性能、各種法規適合性など認証試験を経て、4月中旬決裁を受けた。

5-6. 商品発売展開

■発売事前説明の内容

1989年5月発表発売に向けて、2月に販売会社に対して新型スカイラインR32を披露し、発売事前説明を行った。次期型スカイライン開発の基本的な考え方と展開の要旨を以下に記す。

『はじめに

今回のスカイラインは、本格的なスポーツセダンをめざして造りました。

"欧州のスポーツカーをしのぐ高性能と高質な走りを"これがスカイラインチームの最もこだわった部分です。走りの相手は常にポルシェ、BMW、メルセデスでした。

新しいスカイラインは、クルマの大きさ、形から、実用性、快適性など、あらゆる部分が、美しく、そして目指す走りの性能を実現させるための大事な要因になっています。

オーナーの良きパートナーとして、心から満足して戴けるクルマであることを願います。

スカイラインは人々のクルマに対する夢とロマンを、そして常に安全で快適な走りを追求しつづけていきたいと思います。』

1. 開発の狙い

若者マーケットリーダーの座を奪回し、トレンドリーダー商品とするための新しいスカイラインイメージの構築とスカイラインの復活。

・コンセプトの明快なクルマづくり…クルマの本質を追求した、走りが抜群の本格派セダン

・若い世代に評価されるスタイルとプロに評価される走りの質

・高性能スカイラインを強くイメージさせる新技術へ積極的に挑戦

小型上級クラスでトヨタと拮抗するシェアの獲得

・シンフォニーL作戦の完遂

明快な個性を主張する小型上級(Lクラス)4車で新しいカーライフを提案する。

・マークIIと異なった価値観のクルマづくりで、スカイラインの独自性を主張しトヨタ、ホンダの若者ユーザーも獲得する

・ライフ平均月販・8000台

2．商品コンセプト

スポーティなスタイルと高質な走りを追求した高性能スポーツセダン（クーペ）

車格；トータルバランスの最適サイズと高性能6気筒エンジンがメインの小型上級車

性格；普通に使え、走りはスポーツカーの本格派スポーツセダン（クーペ）

ターゲット；スタイルと走りを重視する若い世代とクルマ好きの大人

3．商品の特徴（アピールポイント）

・若さと躍動感のあるエアロダイナミックフォルム

・スポーツカー感覚の機能的なインテリア

走りの性能

・抜群の速さ、安心感、気持ち良さを高次元でバランス

・快適で高質な走りを徹底的に追求

質の高さ

・高い基本性能と最新のテクノロジー

・信頼できる品質の高さと完成度

価格

・基本機能重視のメリハリあるスペック、装備

・買い得感のある手頃な価格

これらを実現した具体的技術

・ワイドトレッド、ロープロポーションのコンパクトな軽量・高剛性ボディ

・サポート性に優れたスポーツシート

・後輪駆動レイアウト

・高性能RBエンジン（ボールベアリングセラミックターボ、新開発RB26DETT）

・4輪マルチリンクサスペンション

・スーパーHICAS（4WS）

・対向ピストン型ディスクブレーキ

・新開発50シリーズタイヤ＆16インチアルミホイール

・電制トルクスプリット式4WD（ETS）

・エンジン／AT総合制御システム（DUET-EA）

・鮮映性が高い高品位塗装

・パワステ、パワーウインドウ、集中ドアロック全車標準装着

・前後席3点式シートベルト全車標準装着

・PROアコースティック・サウンドシステム、ガラスアンテナ

・電子制御式新型オート・エアコン

4. 設定車種と主要諸元

1) 設定車種

　1エンジン1グレードのシンプルな車種構成を基本とし、GTS系にスポーツパックモデルとして、タイプM(ターボ)とタイプS(NA)を設定し、RB20DOHCを主体にした車種構成とした。

車型；4ドア(14車種)、2ドア(11車種)計25車種。※4D＝4ドア、2D＝2ドアを示す。

・標準タイプ；GXi(2-4D)、GTE(2-4D)、GTS(4)、GTSt(4)

・スポーツタイプ；GTSタイプS(4)、GTS-tタイプM(4)、GT-R(1-2D)

・全天候タイプ；GTS-4(4)

エンジン；CA18i(2)、RB20E(2)、RB20DE(8)、RB20DET(12)、RB26DETT(1)

トランスミッション；M／T&A／T、GT-RはM／Tのみ

〈GTS-t・タイプM〉

●2ドアスポーツクーペ
GTS-t タイプM

R32スカイラインの代表車種
と位置付けて開発した。

●4ドアスポーツセダン
GTS-t タイプM

●R32スカイライン車種構成

　R32のメイン車種で、抜群の速さと意のままの操縦性を誇る本格派を目指した。FR2リッターDOHC・ボールベアリング付きターボのRB20DETエンジンと4輪マルチリンクサスペンション、スーパーHICAS、Z32と同じ4輪アルミ対向ピストンキャリパー・ディスクブレーキ、GT-Rと同じデザインの16×6.5JJアルミホイールに205/55R16-88Vタイヤ、GT-R用ステアリングホイールなどを装着した。エンジンは最高

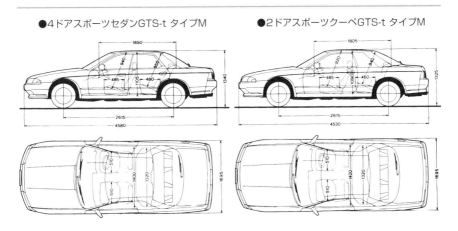

●4ドアスポーツセダンGTS-t タイプM　　　　●2ドアスポーツクーペGTS-t タイプM

出力215ps/6400rpm、最大トルク27.0kgm/3200rpm、車重(MT)は4Dが1290kg、2Dは1260kgでパワーウエイトレシオは5.8kg/ps(2D)である。

901活動でポルシェ944ターボ(5.6kg/ps)を目標に開発し、走りが楽しい高性能FR車が誕生した。4ドア/2ドア、5速MT/4速E-ATを設定した。

〈GTS・タイプS〉

トータルバランスに優れたツインカムの走りの楽しさを追求した。エンジンはRB20DE、最高出力155ps/6400rpm、最大トルク18.8kgm/5200rpm、車重(MT)4D/2Dは1260/1230kgで7.9kg/ps(2D)である。4輪マルチリンクサスペンションにスーパーHICASを組合せ、前輪ベンチレーテッド・ディスク、後輪ディスクブレーキ、15×6JJアルミホイールに205/60R15-89Hタイヤを装着した。GT-R用ステアリングホイール付き。4ドア/2ドア、5速MT/4速E-ATを設定した。

〈GTS-4〉

高性能スカイラインの走りをより広いフィールドへ。先進技術フル装備でアクティブセーフティの全天候型GTSターボ。GTS-t・タイプMをベースに、GT-Rと同じ電子制御トルクスプリット4WDと4輪アンチスキッド(4WAS)を採用した全天候型スポーツモデルとして開発した。4ドア/2ドア、GT-Rと同じ5速MTと電子制御4速AT

●R32スカイライン主要諸元

	4ドア スポーツセダン					2ドア スポーツクーペ			
	CA18i	RB20E	RB20DE	RB20DET	RB20DET	RB20DE	RB20DET	RB20DET	RB26DETT
	GXi	GTE	GTS	GTS-t	GTS-4	GTS	GTS-t	GTS-4	GT-R
全長(mm)	4580	4580	4580	4580	4580	4530	4530	4530	4545
全幅(mm)	1695	1695	1695	1695	1695	1695	1695	1695	1755
全高(mm)	1340	1340	1340	1340	1360	1325	1325	1345	1340
ホイールベース(mm)	2615	2615	2615	2615	2615	2615	2615	2615	2615
トレッド 前(mm)	1460	1460	1460	1460	1460	1460	1460	1460	1480
トレッド 後(mm)	1460	1460	1460	1460	1460	1460	1460	1460	1480
乗車定員(人)	5	5	5	5	5	5	5	5	4
最高出力(ps/rpm)	91/5200	125/5600	155/6400	215/6400	215/6400	155/6400	215/6400	215/6400	280
最大トルク(kgm/rpm)	14.5/3200	17.5/4400	18.8/5200	27.0/3200	27.0/3200	18.8/5200	27.0/3200	27.0/3200	36.0/4400
車両重量(kg) []はA/T車	1120 [1140]	1200 [1220]	1240 [1260]	1290 [1310]	1420 [1430]	1210 [1230]	1260 [1280]	1390 [1400]	1430
重量/出力(kg/ps)	12.3	9.6	8.0	6.0	6.6	7.8	5.86	6.47	5.1
燃費(km/リッター) 10モード []はA/T車	12.6 [10.6]	11.2 [9.4]	10.2 [8.8]	9.5 [8.0]	8.3 [7.0]	10.2 [8.8]	10.0 [8.0]	8.3 [7.0]	7.0
燃費 定地	21.6 [20.3]	18.5 [18.4]	17.6 [17.5]	17.6 [17.3]	15.6 [15.3]	17.6 [17.5]	17.6 [17.3]	15.6 [15.3]	14.4
最小回転半径(m)	5.2	5.2	5.2	5.2	5.3	5.2	5.2	5.3	5.3
ステアリング形式	ラック&ピニオン	ラック&ピニオン	ラック&ピニオン	ラック&ピニオン	ラック&ピニオン	ラック&ピニオン	ラック&ピニオン	ラック&ピニオン	ラック&ピニオン
懸架方式	4輪マルチリンク	4輪マルチリンク	4輪マルチリンク	4輪マルチリンク	4輪マルチリンク	4輪マルチリンク	4輪マルチリンク	4輪マルチリンク	4輪マルチリンク
主ブレーキ 前	ベンチレーテッドディスク	ベンチレーテッドディスク	ベンチレーテッドディスク	ベンチレーテッドディスク	対向ピストン型ベンチレーテッドディスク	ベンチレーテッドディスク	ベンチレーテッドディスク	対向ピストン型ベンチレーテッドディスク	対向ピストン型ベンチレーテッドディスク
主ブレーキ 後	ドラム	ディスク	ディスク	ベンチレーテッドディスク	対向ピストン型ベンチレーテッドディスク	ディスク	ベンチレーテッドディスク	対向ピストン型ベンチレーテッドディスク	対向ピストン型ベンチレーテッドディスク
タイヤ	165SR14	185/70SR14	205/60R15	205/60R15	205/55VR16	205/60R15	205/60R15	205/55VR16	225/50VR16

村山工場におけるR32スカ
イラインのラインオフ。

（4E-AT）を設定した。

〈GTE〉

　6気筒の静かさとシルキーな滑らかさ。快適な走り味と充分な装備が魅力のオリジ
ナルスカG。RB20E、最高出力125psを搭載し、4輪マルチリンクサスペンション、4
輪ディスクブレーキ、185／70R14の6気筒サルーンで4ドアのみ設定し、5速MTと4E-
ATを用意した。

〈GXi〉

　経済的で実用的、手頃な価格で日常のパートナーとして愛用できるスカイライ
ン。4気筒CA18iエンジン搭載のベーシックモデルとして4ドアのみ設定した。基本仕
様は6気筒GT系と同じ4輪マルチリンクサスペンションで、パワーステアリング、パ
ワーウインドウ、集中ドアロックなども標準設定し、従来の4気筒ユーザーの受け皿
とした。

〈GT-R〉

　究極の高性能車をめざすスーパースポーツ。スカイラインのフラッグシップで別
格である。

第6章 R32 GT-R の開発

6–1. その企画（呼称はGT-X）

■RB24DETT・2WDでスタート

「技術の日産」のイメージ向上とR32のイメージリーダーカーとして、さらにトヨタのソアラを頂点とした高級、高性能イメージを陳腐化させるため、超高性能車GT-Rを設定し、レースにも参戦することが1986年7月のR32開発基本構想提案で決まったことは前述したとおりである。

当初提案したGT-Rの大まかなスペックは、FRでエンジンはRB24、DOHC4バルブ、ツインターボ、大型インタークーラーを採用し、トランスミッションは6速のFS6W71Cと、これからの時代を考えて電子制御オートマチックトランスミッションを設定することだった。

R32・2ドアクーペをベースに4シーターにして、全幅は11インチ・レーシングタイヤが装着できるよう前後フェンダーを片側30mm広げて全幅1755mmとし、車両重量はR32プラスアルファーの1270kg以下を想定した。

私は以前からGT-Rは4シーターがベストだと思っていたので、それまでは5人乗りだったが、あえて4シーターにこだわった。台数はMT、AT合わせて月200台、ただし、初年度はグループAのホモロゲーション取得のため5000台生産することとした。

市販車の目標性能は出力240ps以上、0～400m加速13秒台、最高速250km/h以上とする。レース車は420ps以上、車両重量は、レース用に軽量化して最適位置にウエイトを積んで規定の1260kgとし、パワーウエイトレシオ3.0kg/ps以下で、富士スピードウ

ツーリングカーレースで世界
制覇と究極のロードゴーイン
グカーをめざして。

スカイラインR32GT-R走り
のイメージ。

エイのラップタイムは前年インターテックでのボルボ240Tの予選タイム1分37秒38を
切る1分35秒以下とした。

　エンジン性能は、市販車でリッター120psくらいの目標を提示したかったが、最初
から目標をあまり高くおくと、開発担当部署に受けてもらえない可能性があるの
で、下限を示し、背伸びしない一次目標で提案した。ただし、レースを考えて最高
回転数は8600rpmまで考えて欲しいとエンジン設計課長に依頼したら、車両側からエ
ンジンの馬力や回転数までいわれたのは初めてだと驚いていた。

　それまでは、エンジンの担当部署がつくったものを車両に載せていたようだ。R31
で痛い目にあったので、こちらからきちんと目標を提示したのである。商品の責任
は商品主管にあるから当然である。ちなみに、グループA用RB26のエンジン最高回
転数は8500rpmになった。

　具体的なスペックは、R32プロジェクトチームで検討していくこととし、秘匿のた
め社内ではGT-Xの呼称で通すことにし、R32発表のときまで厳守してきた。

　1986年10月からシャシー設計・実験部を中心にした「901委員会」で、90年に世界一
といわれるクルマを目指して本格的な取り組みが始まった。R32プロジェクトの目指
すものと901活動の目標は同じであり、901活動がR32プロジェクトの目標達成活動と

なった。R32の901連絡会では世界一の走りとは何かから議論が始まり、R32、とくにGT-Rの目指す走りについて、いろんな角度から議論した。

「90年に世界一」という高い目標に向けて、熱いチャレンジが始まった。

　R32プロジェクト連絡会のメンバー（各設計部からプロジェクトのまとめ役・車担）はクルマに対する思い入れが強く、自分の主張を曲げない優秀な猛者が揃っていたので、結構激しいやり取りが行われ、私が目指した職位を超えたホンネのクルマづくりの大きな推進力になった。そして、いったん決まったことは、それぞれが持ちかえり、部内に展開し、場合によっては自分の担当部署を説得してR32プロジェクトの方針を推進してくれた。本当に良いクルマをつくろうとするメンバーの熱意が込められた。

■GT-X(R)の基本構想

　1986年11月初めに、R32プロジェクト901連絡会の検討結果も入れて、商品開発室からGT-Rの基本構想書を発行した。世界トップクラスの走りを目指す高い目標を掲げ、最高のものをつくるために全力でチャレンジし、とくに車両の軽量化を徹底的に追求することにした。

　パワーウエイトレシオでポルシェ944ターボ（250ps、5.6kg/ps）やフェラーリ328GTB（270ps、5.2kg/ps）を凌駕する5kg/psを目指して、車両重量を1220kg以下とする目標を設定した。軽量化のためマグネシウムの採用も検討したが、量産車での実用化は実績が少ないため見送った。

　また、原価管理部署と相談し、R32は原価管理を厳しくやっていくが、GT-Rは最

フェラーリ328GTB。

ポルシェ944ターボ。

901の走りを追求するGT-R。

高のものをつくるために、収益の確保を確約して、当面原価の枠をはずし、R32基準
車系とは別管理することにした。

(1)コンセプトと狙い

　速さへの挑戦、これはクルマを"より速く、安全に、快適に走らせる"スカイライ
ンの設計思想の延長線上に位置し、走りが楽しい抜群の動力性能と運動性能のクル
マとする。すなわち、究極のロードゴーイングカーを目指す。その狙いは
①日産の技術イメージの向上と日産ファンへの回答。
②高性能スカイラインR32のイメージリーダーカー。
③トヨタ・ソアラ頂点のイメージの陳腐化と新しいスカイライン神話づくり。
④超高性能車の証として、グループAツーリングカーレースで世界制覇を目指す。
　以上に要約される。

(2)ターゲットユーザー

①クルマが好きでモータースポーツを愛し、高い次元のFun to Driveを求める人々。
②クルマを操り、速さに感動することを求めるドライビングテクニックの優れた人々。

(3)車両の概要

　R32・2ドア2WDをベースに、4シーター、フェンダー部全幅1755mmとする。
・エンジンは新開発RB24DETTで大型インタークーラー付き、最高出力240ps/6800rpm
以上、最大トルク29kg-m/4800rpm。
・トランスミッション・MT；新開発6速（FS5W71C改）、AT；NF強化型。
・シャシー；2ドアRB20DETをベースにトレッドを1480mmに拡大する。
・サスペンション；リアはHICAS付きマルチリンク。

・ホイール＆タイヤ；8JJ×16アルミ鍛造、225／50VR16。

・ブレーキ；フロント・対向4ピストン、リア・対向2ピストン。

・エギゾースト；70φエギゾーストチューブ＋ストレートマフラー。

・シート；専用スポーツシートを検討。

・車両重量；1220kg以下（MT、HICAS付、エアコンなし）。

さらに、軽量化のため下記項目を検討し、新技術を積極的に採用する。

・フード、トランクリッドなどのアルミ化。

・バンパーレインフォースのアルミ又は樹脂化。

・ブレーキキャリパーとアクスル部品のアルミ化。

・シートフレームの樹脂化など。

目標性能

・市販車モデル；0〜400m加速13秒台、最高速250km/hとする。

・レース仕様車；グループAツーリングカー世界選手権で勝てる性能を狙う。

目標原価

・最高のものをつくるため、当面枠を決めずR32基準車系とは別管理とする。

計画台数

・200台／月、ただし初年度5000台、残り3年間で5000台とする。

(4)GT-X(R)試乗記(構想書補足資料)

　GT-X（GT-R）を開発する際に、その走りのイメージをはっきりさせ、より理解してもらい、開発メンバー全員のベクトルを合わせて開発するため、プロジェクト901活

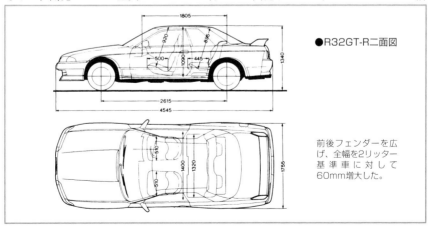

●R32GT-R二面図

前後フェンダーを広げ、全幅を2リッター基準車に対して60mm増大した。

動のシャシー主要メンバーがフィクションストーリーをつくった。ドイツのアウト
バーンやニュルブルクリンクを走ったときの試乗記で、GT-Xが自動車専門家にこの
ように評価されるクルマを目指そうというものである。舞台をあえて海外にしたの
は、日本だけでは、とてもこのクルマのポテンシャルを説明しきれないからである
（巻末資料参照）。

6-2. R32GT-Rのエンジン仕様決定の経緯

■エンジンを2.6リッターのRB26に変更

　1986年11月8日のインターテック予選でジャガーXJSが1分35秒615のタイムを出し
て、前年ボルボ240Tが出した1分37秒38を更新した。この調子でいくと、GT-Rが参戦
する1990年には1分31秒から32秒となる。したがって、GT-Rは1分30秒以下で走れる
ポテンシャルを持たせる必要が生じた。そのため、エンジンを2.6リッターにするこ
とについて、エンジン設計と打ち合わせを行った。

　グループAのエンジン排気量ランク
4.5リッター以下は、規定によりター
ボエンジンで2.64リッターまで許され
るが、シリンダーブロックの高さを
変えないでピストンにかかるサイド
フォースを許容値に抑えるには、ス
トロークをL24と同じ73.7mmならOK
との検討結果が出た。そこで我が国
の税制では2.5リッターを超えてラン
クアップとなるが、ストロークを

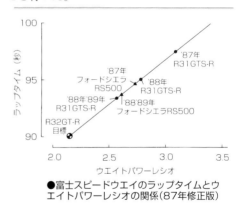

●富士スピードウエイのラップタイムとウ
エイトパワーレシオの関係（87年修正版）

●1986年当時のRBエンジンのバリエーション

名称	排気量	動弁	燃料供給	ブロック高さ(mm)	仕向け地
RB20E	2ℓ	SOHC2V	EGI	188.4(低)	日本、アジア
RB20ET	2ℓ	SOHC2V	EGI(T/C)	188.4(低)	日本
RB20DE	2ℓ	DOHC4V	EGI	188.4(低)	日本
RB20DET	2ℓ	DOHC4V	EGI(T/C)	188.4(低)	日本
RB24S	2.4ℓ	SOHC2V	CARB	188.4(低)	中近東
RB30S	3ℓ	SOHC2V	CARB	227.5(高)	中近東
RR30E	3ℓ	SOHC2V	EGI	227.5(高)	豪州
RB30ET	3ℓ	SOHC2V	EGI(T/C)	227.5(高)	豪州

73.7mmにして、エンジン排気量を2568ccに増大することにして、予選525ps以上(1分30秒)、本番475ps以上(1分32秒)に目標を変更することにした。

11月21日にGT-RのエンジンをRB24からRB26(ボアストローク・86×73.7mm、2568cc)に変更し、市販車は出力260ps以上、レース車は525ps以上として、パワーウエイトレシオ2.4kg/ps以下で富士ラップタイム1分30秒以下を狙うというGT-Rの仕様変更(案)を関係部署に展開した。

12月3日、エンジン設計部にR31GTS-Rのエンジンの手配と、GT-Rの2.6リッター化の依頼に行った。ここで「エンジンとしてはローレル用2.4と二重になるので一本化したい。RB24は素性が良いので馬力を出せば良いのなら、市販車260ps、レース用525psを検討する」との回答を得た。その後、1987年2月にGT-Rを4WDに変更することになり、車両重量が約100kg増えるので、少しでもエンジンのキャパシティーを上げるためRB26で行くことに決定した。

■2WDから4WDへ

エンジンが500psを超えるようになれば、レースでも2WDでは無理との意見が、レース部隊ニスモのエンジニアから出された。グループAのRSターボでも、エンジン出力を上げると、サーキットのコーナーの立ち上がりでリアタイヤのグリップが失われ、アクセルを全開に出来なくなる。タイヤが制限されるグループAでは500psを超える2WDは非常に厳しく、4WDでないと無理という意見だった。

また、エンジンのパワーを有効に路面に伝え、R32が目指す旋回時の限界の高さと限界コントロール性の両立を実現するためのさまざまな検討から、高性能4WDの研究が進められていた。

4WDは重くなるし、操縦性も問題、ラフロードのラリーでは実績があるが、サーキットレースでは実績もないと思案していたら、シャシー設計から全く新しい4WDがあるので、ぜひ試乗してほしいといわれた。

1986年12月16日に栃木テストコースに連れて行かれ、研究所で開発した電子制御トルクスプリット4WD(Electronic Torque Split)とRB30ETエンジンを組み合わせて搭載したR31に試乗した。

運転してみると、R31のマイナーチェンジで採用しようとしていたファーガソン4WDとは全く違うフィーリングであった。2WDのようにカウンターステアのドリフト走行もできるし、2WDではスピンするようなコーナーでも立ち上がりのトラクションでスピンせず、限界時のコントロール性が非常に優れていた。自分のドライ

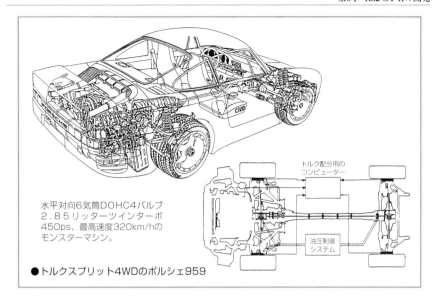

水平対向6気筒ＤＯＨＣ4バルブ
２.８５リッターツインターボ
450ps、最高速度320km/hの
モンスターマシン。

●トルクスプリット4WDのポルシェ959

ビングテクニックが上がったようで、運転が楽しく大変良い感触だった。

　同行したプロジェクトメンバーも、同様の感想を述べていた。この4WDシステム
は、通常は2WDで後輪が空転すると、自動的に多板クラッチを電子制御して前輪に
トルクを伝えるものである。4WDは機構が複雑になり重量が増える問題はあるが、
これしかないと、電子制御トルクスプリット4WDの採用を決意し関係部署と打ち合
わせをした。

　この4WDの開発はまだ研究所の段階であり、また多板クラッチを使った電子制
御4WDはベンツの4マチックやポルシェ959で開発されたばかりで、まだ実績がな
かった。それに、ポルシェは多板クラッチの耐久性で苦労しているとの情報も
あった。

　このような状況で、駆動設計から多板クラッチの耐久性が未確認で商品化できる
見通しがないとの強い反対意見もあったが、12月25日、商品開発室から下記理由で
GT-Rの駆動方式を電子制御トルクスプリット方式の4WDに変更したいという仕様変
更書を出し、関係部署に協力を依頼した。

①高出力エンジンのパワーを有効に路面に伝え、R32の狙う限界コントロール性の高
さ、運転の楽しさを具現化するには、2WDでは限界がある。

②ETS（電制多板クラッチ）方式の4WDならR32コンセプトの走りが実現できる可能性
が高い。

③レースで500psを超えるパワーを伝えるためには2WDでは限界がある。タイヤが限定されるので、さらに速く走るためには、4WDにする必要がある。

④商品のアピールやインパクトは4WDが高く、販売戦略上も効果が大である。

■議論を重ねて決着

　関係部署のメンバーで4輪駆動連絡会(4駆連)を設けて電子制御トルクスプリット4WD採用の検討をしてきたが、1987年2月11日の4駆連で、商品本部(87年1月商品開発室改編)から「とにかくGT-Rを成り立たせるにはこの4WD方式しか今は手がない。多板クラッチの耐久性を最優先で確認することにして、まず電子制御トルクスプリット4WDに決めて開発をスタートしたい。万一、耐久性が解決できなかったら、その時点で商品本部の責任で処理する」と発言し説得した。

　そして、GT-Rはこの4WDで設計開発をスタートし、研究所と駆動設計で協議して3月末に一次判断、10月末に耐久性を含む最終判断をすることにした。ただし、電子制御トルクスプリット4WD用のトランスファーの設計は、多板クラッチとビスカス

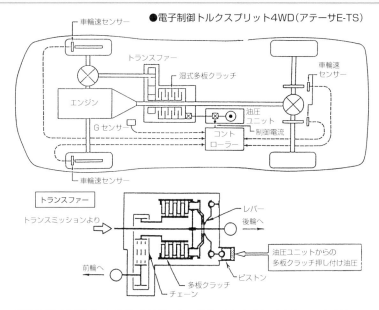

●電子制御トルクスプリット4WD(アテーサE-TS)

通常走行時は後輪駆動であるが、後輪がスリップ状態になると瞬時に多板クラッチを接続し4WDになる。多板クラッチ作動油圧を自動的・連続的にコントローラーで制御するためトルク配分は0：100から50：50に連続的に変わる。Gセンサーで雪道など低μ路を走っているか、高μ路かを判断して前輪へのトルク配分をコントロールするため高μ路でアンダーステアが出ないのがE-TSの特長だ。

カップリングを併用するハイブリッド方式の構造で進めることにした。

　ハイブリッド方式はビスカスカップリングと多板クラッチで駆動トルクを分担するため、多板クラッチの耐久性は有利になるが、ビスカスカップリングのトルクが常時フロントに入るため電子制御トルクスプリット4WDの特徴が多少阻害される懸念があったが、多板クラッチの耐久性に対する保険を考えてハイブリッドでスタートすることにした。

　3月末の一次判断でこの方式の4WDの採用が正式に決定し、開発業務を研究所から設計に移管した。そして2リッター4WDにもGT-Rと同じ4WDを採用することにしたが、このクルマは開発工数の関係で、発売を1989年8月に延ばすことになった。その後、多板クラッチの耐久性は全く問題ないことが確認され、ビスカスカップリングなしで生産に移行した。

■最新のテクノロジーを投入したRB26エンジン

　1987年2月、駆動方式を4WDに変更と同時に、エンジンも正式にRB26に変更することにした。商品価値が高ければ高く売れるので原価は心配しないで、最高のエンジンをつくって欲しいとお願いした。

　GT-Rのエンジンは、従来の量産エンジンとは一線を画したスポーツ指向のものとし、量産車トップレベルの出力と、レッドゾーンまでストレスを感じない伸び感、アクセルペダルの動きに敏感に反応するレスポンスなどを目標に、優秀なエンジニアの石田宜之氏を中心にエンジン部隊の若い力を結集し最新のテクノロジーを投入してくれた。

　ツインセラミックターボ、大型空冷式インタークーラー、6連スロットル、ナトリウム封入エギゾーストバルブ、クーリングチャンネル付きピストン、直動式軽量インナーシムバルブリフター、ステンレス鋳鋼エギゾーストマニフォールドなどを採用し、音振性能を含めて世界一の性能でGT-Rの目指す走りに相応しいエンジンを目指した。

RB26エンジンを搭載したGT-R。

　それまで経験がない6連スロットルの採用について、スロットルバルブの精度上アイドル時の空気漏れ量が多く、アイドル回転数が3000rpmくらいになるが、

それでも採用するのかエンジン設計部から判断を求められた。

　マルチスロットルはBMWのMパワーで採用しているし、1000回転は超えるかもしれないとは思ったが、アイドリング3000回転なんてダメといえばそこでストップしてしまうので、いろいろやってみて手がなければ3000回転でもOKと返事をした。

　問題が発生すれば技術屋は何か対策を考え新しい技術が生まれるが、着手しなければ進歩はない。

　優秀な若手エンジン技術者が6連スロットル実現のため、ガタが出にくく微小なストロークでも高精度が出せるピロボールを使ったスロットルリンクを開発してくれたので、アイドリング950rpmが実現出来た。その後、RB26が名機といわれるようになった頃、当時の部長にお会いしたとき「あのとき3000rpmでもOKと修令さんに騙された」といわれ、互いに笑って雑談したものだった。しかし、当時から私の本心を読まれていたようだった。

　それまでは、エンジンの高速性能を上げて欲しいといえば、低速トルクが低くなるが良いですかとか、操縦安定性をもっと良くするようにいうと、スプリング、ショックアブソーバーを強くして乗り心地が悪くなっても良いですね、というようなことが時々あったが、901活動を進めるなかで、目標に手が届くようになれば、さらに高い目標を目指し、二律背反することを両立させるような高い目標にチャレンジする意識が、各部署のプロジェクトメンバーに出てきた。やはり901という具体的な目標達成活動が大変有効だったと思う。

■RB26は300psをクリア、ATは開発中止

　GT-Rの姿がだんだん見えてくると、担当者も燃えてきて、目標も一段上を目指すことになり、改めて新しい目標を設定した。

　車両重量は4WD化で80〜100kg増えるので1350kgを目標とし、エンジンは最高出力300ps、最大トルク35kg-mで、パワーウエイトレシオ4.5kg/psを目指すことにした。レース用エンジンも550ps以上を目標にした。

　エンジントルクが増えるので、強度上トランスミッションをMTは71型から81型（SI型）に、ATも一段上のNJ型に変更することにした。その後、目標の高いGT-Rの開発には相当多くの時間と工数がかかるので、本命のMT車の開発に全力を集中することにして、AT車は開発を中止することにした。

　1987年7月に試作エンジンが完成し、初号機が300psを超えたと聞いた。8月末にエンジン部隊が鶴見にあるエンジン・ダイナモメーターの前に関係者を集めてRB26エ

ンジンの火入れ式をやることになり、私も駆けつけた。

　馬力当て競争も行われ、ダイナモメーターで315psが計測された。立ち会った関係者は感動し、皆歓声を上げ拍手をして喜んだ。私もこれなら市販車300ps、レース車600psは行けると、みんなとともに喜んで挨拶した。

　一次試作エンジンの性能は、最高出力300ps/6400rpm、最大トルク35kg-m/5200rpmの目標はクリアしていた。

　しかし、先行試験車に搭載して走行試験が始まったら、テストドライバーから高回転域の加速フィーリングがいまいち良くない。パワーの頭打ち感があるという報告がされた。エンジンの担当者は300馬力の目標を達成していて自信を持っていたので、いろいろ反論していた。私も乗ってみて、力強さは感じるが、レッドゾーンまで胸のすく回転の伸びや世界一を目指す300psエンジンの迫力と感動という点ではもの足りなかった。

　901評価会でも同様の意見が多く、エンジンの見直しをすることにした。世界一の走りを目指す901活動が、安易な妥協を許さない歯止めになった。

　エンジンの台上テストデータをみると、最大トルクは36kg-mと大きく、最高出力までのトルクは決して小さくないが、ピークトルクからレッドゾーンまでの回転域でトルクカーブの落ち込み方が大きいため、頭打ち感があると推察された。

　設計者は、それまで高速型のエンジンでは低速トルクが低いことを指摘されてい

●新技術を投入したRB26DETTエンジン断面図

インテーク
マニホールド

金属ナトリウム
封入排気バルブ

6連スロットル
チャンバー

ツインターボ

オイルジェット

エキゾースト
マニホールド

クーリングチャンネル付きピストン

●セラミック製のタービンローター

ターボラグを小さくするため軽量のセラミックをタービンローターに採用した。

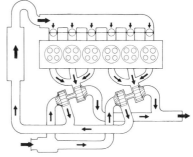

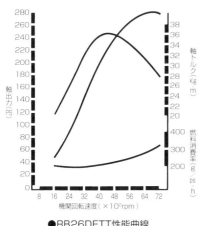

●RB26DETT性能曲線

●ツインターボの吸入空気と排気ガスの流れ

たので、このエンジンは中低速トルクも重視して、長めのインテークマニフォールドと大容量のコレクターを採用したといっていた。そこで、吸気系を見直し、最高出力発生回転数6400rpmを6800rpmに高め、最大トルクを抑えても、そこからレッドゾーンまでのトルクの低下を少なくする対策をすることにした。

また、コーナリング時の1.0Gの横加速度や高回転に対するエンジンのオイル循環系を見直すことなど、従来のレベルを超えた新しい問題も発生し対策することとなった。

■RB26の改良と発売時期の延期

1988年2月、エンジンの改良や電子制御式トルクスプリット4WDのチューニングのため、GT-Rの玉成には時間が必要との実験部の要望が出された。このため、GT-Rの発売を2リッター4WDと同じく1989年8月に延期することにした。ただし、発表はユーザーのことを配慮して2WDと同時の5月のままとした。

1988年3月、吸気系を変更したエンジンの改良提案をエンジン設計から受けた。インテークマニフォールドの長さを400mmから260mmに短縮し、慣性過給の同調回転数を高回転側に移して、最高出力発生回転数を6400rpmから6800rpmに上げ、ターボ

●1次試作（左）と生産仕様（右）の吸気ブランチ

コレクター

コレクター

吸気ブランチ

吸気ブランチ

高回転域の伸びを良くするため、吸気ブランチの長さを400mmから260mmに短縮した。

過給圧も見直して、最大トルクと最高出力時のトルクおよびレッドゾーン8000rpmまでのトルクの落ち込みを少なくした。また、減速から再加速のレスポンス向上のため、リサーキュレーションバルブを追加して、スロットルバルブが閉じた際、ターボで過給された空気をターボの上流に戻してコンプレッサー負荷を減らし、ターボの回転低下を防止した。

　その結果、低速トルクも十分で、全域パワフルで素晴らしいレスポンスのエンジンに仕上がった。

　新性能値は、最高出力310ps/6800rpm、最大トルク36kg-m/4400〜5600rpm、レッドゾーン8000rpmとなった。

●RB26DETTの外観

〈RB26DETTエンジン主要諸元〉
総排気量：2568cc
燃焼室形状：ペントルーフ型
弁機構：DOHCベルト駆動
内径×行程：86.0×73.7mm
圧縮比：8.5
圧縮圧力：12.3/300kg/cm²
最高出力：280ps/6800rpm
最大トルク：36.0kgm/4400rpm
燃料消費率：200/2800（g/ps·h）/rpm
寸法（長さ×幅×高さ）：870×665×675mm
アイドル回転数：950rpm

■市販車はデチューンし国内初の280psとなる

1988年、我が国の自動車保有台数は5000万台を超え、事故による死傷者も増えて社会問題になっていたため、市販車のエンジン出力を見直しすることにした。

すなわち、GT-Rは動力性能や操縦安定性が抜群で、事故回避性能にも優れており、高出力エンジンでも安全性は全く問題になることはないということと、我が国の事故データにもエンジン出力と事故の相関性はないことが確認されているが、自動車事故による死傷者の増加実態もあり、無謀運転の自制と国内の走行条件や一般ユーザーの使われ方を考えて、必要にして充分な出力にデチューンすることにした。

そして、国内初の最高出力280ps/6800rpm、最大トルク36.0kg-m/4400rpm、最高許容回転数8000rpmという充分余裕のあるエンジン性能で市販することにした。

6-3. R32GT-Rの車両設計と開発

■電子制御トルクスプリット4WDの採用

RB26の強大なパワーを確実に路面に伝え、GT-Rの目指す限界の高さと限界時のコントロール性を実現するため、電子制御トルクスプリット式4WDの採用を決定し

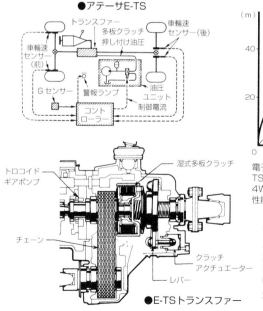

電子制御トルクスプリット4WD（アテーサE-TS）はFRの走行性能を生かしながら自動的に4WD機能を発揮させてGT-Rのコーナリング性能を向上させる重要なシステムである。

0.8Gで定常旋回していて、フル加速（0.25G）を行った場合の車両軌跡。一般の4WD車ではアンダーステアになりやすいが、E-TSを装着したR32GT-Rは弱アンダーステアの理想的な軌跡が得られる。テストドライバーの膨大なテストで決められたE-TSのチューニング結果だ。

た。この4WD方式はFRの運動特性を持ちながら、あらゆる路面状況で駆動力を確保し、高い操縦性安定性を実現しようとしたものである。

　一般にタイヤの特性として、駆動力が増えるとコーナリングフォースが低下し、ホイールスピンが発生すれば駆動力、コーナリングフォースともに失われて、FRならスピン状態になる。

　電子制御トルクスプリット4WDは、前輪を駆動する多板クラッチの作動油圧を電子制御して、前後輪の駆動トルク配分を0：100％〜50：50％の範囲で無段階に自動的に変化させるシステムである。

　すなわち、車輪速度センサーで前後輪の回転差をモニターし、後輪のスリップ量に応じて前輪にトルクを配分する。

　さらに、横Gと前後Gセンサーで路面状況を判断し、摩擦係数が高いドライ路面では前輪へのトルク配分を少なくしてアンダーステアを防ぎ、摩擦係数が低いウエット路面では多く配分してトラクションを増やし、車両のヨーイングモーメントをコントロールして限界予知やアクセルコントロール性を高めるようにしたシステムの4WDである。

　そのほか、車速、エンジン回転数、スロットル開度などの信号をもとにコントローラーで演算し油圧制御しており、路面状況や、発進、加速、制動、旋回などの運転状況など、あらゆる条件を考えて最適制御するために膨大な実験を行う必要があった。

　リアデファレンシャルのリミテッドスリップデフ（LSD）も、GT-RはビスカスLSDから応答性に優れたメカニカルLSDに変更した。

　このように電子制御トルクスプリット4WDによるGT-Rの卓越した走りのチューニングはシャシー、エンジン、駆動系など多くのエンジニアとテストドライバーが一体となって取り組み、徹底的な走り込みによって実現できた。関係者の並々ならぬ努力とテストドライバーの優れた評価能力によるところが大きい。

■デザイン
(1)エクステリア

　GT-Rのデザインは基準車のモデル決定後、1987年2月中旬より始め、4月中旬にモデル決定した。

　デザイン方針はできるだけR32基準車とイメージを変えないで、11インチ幅のレーシングタイヤが装着できるようフェンダー部のみ広げて全幅を1755mmにすることにした。ブリスターフェンダーの処理も出来るだけ基準車に合わせるようデザイナー

●クレイモデルによるスカイライン
GT-Rの最終案

R32基準車のイメージを残しながら
全幅、トレッドを広げた迫力のある
ダイナミックなデザインとなった。
クレイモデルの完成を見ながら発売
後のGT-Rの姿を想像し、いろいろ
戦略を考えていた。

と打ち合わせた。R32の本命はFRのRB20DETであり、GT-RはR32のイメージリーダー
だから、単独で一人歩きしないようにしたかったのである。

　トランクリッド、リアバンパー、テールランプは、2ドア車と共用したので、膨ら
ませたリアフェンダーの面出しにデザイナーは大変苦労し、何回もクレイモデルで
検討していた。結局、フェンダー後端部をテールランプと少し段差をつけることで
面を綺麗につなげた。

　大型インタークーラーをラジエター前面に搭載するため、フロントバンパーはGT-
R専用にして全長を15mm延ばし、高速時のリフトを抑える大型のリアスポイラーを
設定した。そのほかは2ドアと共通のデザインとした。しかし、高性能エンジンの冷
却性能を検討する過程で、ラジエター開口面積を増やす必要が出てきたため、ボン
ネットフード前端を切り上げて、フロントグリルを付けることにした。

　GT-Rのデザインは低く、ワイドで、タイヤでしっかりと路面に踏ん張ったR32の
ダイナミックなスタイルをベースに、強力なパワーを連想させる力強いフロント、
グラマラスなブリスターフェンダー、機能美を追求した5本スポークの鍛造アルミホ
イール、強力なダウンフォースを発生させる大型リアスポイラーなど、究極の走り
を端的に表現した。

　それまでホイールはブレーキなど中の臓物を出来るだけ見せないデザインをして

R３２スカイライン
GT-R2ドアスポーツ
クーペ。

いたが、**GT-R**では5本スポークで徹底的に軽量化を図り、ブレーキキャリパーやロー
ターもデザインして積極的に見せるようにした。

また、グループAのレース用車両規定では外装パーツは変更できないため、クレイ
モデルや実車による風洞実験を繰り返し行った。後輪にダウンフォースを発生させ

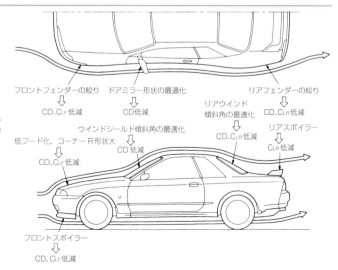

●GT-Rの空力特性
向上対策

空気抵抗（Ca）だけで
なく揚力（C$_L$）を下げ
ることを狙った。

フロントフェンダーの絞り　ドアミラー形状の最適化　　　　　　　リアフェンダーの絞り
　↓　　　　　　　　　　　↓　　　　　　　　　　　　　　　　　↓
CD、C$_{LF}$低減　　　　　CD低減　　　　　　　　　　　　　CD、C$_{LR}$低減

　　　　　　　　　　　　　　　　　　　　　　リアウインド
ウインドシールド傾斜角の最適化　　　　傾斜角の最適化　　リアスポイラー
低フード化、コーナーR形状大　　CD低減　　　　↓　　　　　↓
　↓　　　　　　　　　　　　　　　　　　CD、C$_{LR}$低減　C$_{LR}$低減
CD、C$_{LF}$低減

フロントスポイラー
　↓
CD、C$_{LF}$低減

る大型のリアスポイラーも風洞実験で形を決めた。これにより、空力特性はCd＝0.4、Clf＝0.20、Clr＝－0.15を実現した。

16年振りに復活させるGT-Rのテールには、長年封印していたケンメリGT-Rのバッジをリファインしてとり付けた。

(2)インテリア

シートに座りハンドルに手をかけた瞬間から、ドライビングポジションやシート、ステアリングホイールやシフトノブ、メーターパネルなどが乗る人の気持ちを高ぶらせ、走りを予感させる。そんな雰囲気の本物志向のインテリアを狙った。

構成する部品は単にカタチからではなく、人が見て、触れて、操作して、走る感覚と機能性、人間工学優先のデザインとした。とくにシート、ステアリングホイール、シフトノブなどは素材も含めて、テストドライバーの意見を入れてデザインした。

モノフォルム・バケットシートは、身体になじむ形で、激しいスポーツドライビングにも充分耐えられるホールド性があるように設計し、大腿部をフィットさせる

●GT-Rのインテリア

チルト＆テレスコピックステアリングやドライバーの体にぴったりなじむスポーツシートなどを備え、最高のドライビングが味わえるインテリアを狙った。シートに座っただけで、気分が高まる雰囲気にしている。

ため、シートクッション中央部を少し盛り上げた。

ステアリングホイールは外径370mmの本皮巻きで、縦長太巻きの断面形状であるが、これもテストドライバーの意見を入れて決めた。

メーターは、基本的には2リッター基準車と同じ6連メーターであるが、スピードメーターとタコメーターは針が右上がりにパワーの盛り上がりを感じるように水平ゼロ指針メーターを左回りに約60度回した。フロント左上にトルクスプリット4WDのフロントトルクメーターを配置し、電圧、油温、ターボブーストの3連メーターをセンターベゼルに設置した。フロントトルクメーターは、4WDの作動状況を知らせるメーターであるが、機能から見て一等地に置く必要はなかったと今では思っている。

リアシートはフロント同様に硬めのシートで、ヒップポイントを下げ、大人が4人普通に乗れるスペースを確保した。わざわざ4人乗りにしなくてもという意見もあったが、スポーツカーであるから4シーターにこだわった。

■シャシー

GT-Rは日産のシャシー技術の総結集ともいえるR32の足回りに、さらにチューニングを加え、圧倒的なエンジンパワーをフルに生かせる速さとコントロール性を追求して、究極のロードゴーイングカーを目指した。

(1)サスペンション

R32自慢の4輪マルチリンクサスペンションとスーパーHICASを採用した。2WDに対して、フロントのロアリンクを鍛造品とし、メタルブッシュを採用して剛性を上

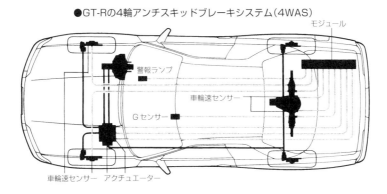

●GT-Rの4輪アンチスキッドブレーキシステム(4WAS)

モジュール

警報ランプ

車輪速センサー

Gセンサー

車輪速センサー　アクチュエーター

電子制御トルクスプリット4WD(E-TS)と総合制御し、ドライ路面のスポーツ走行でも最高の性能を発揮させる。

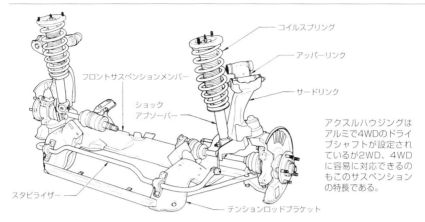

コイルスプリング

アッパーリンク

サードリンク

フロントサスペンションメンバー

ショック
アブソーバー

アクスルハウジングは
アルミで4WDのドライ
ブシャフトが設定され
ているが2WD、4WD
に容易に対応できるの
もこのサスペンション
の特長である。

スタビライザー

テンションロッドブラケット

●GT-R用フロントマルチリンクサスペンション

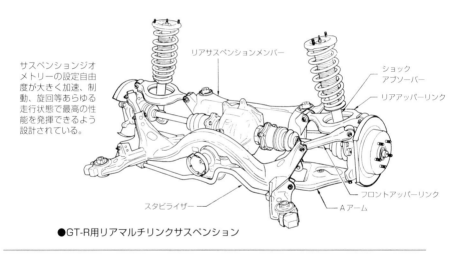

リアサスペンションメンバー

ショック
アブソーバー

リアアッパーリンク

サスペンションジオ
メトリーの設定自由
度が大きく加速、制
動、旋回等あらゆる
走行状態で最高の性
能を発揮できるよう
設計されている。

フロントアッパーリンク

スタビライザー

Aアーム

●GT-R用リアマルチリンクサスペンション

げ、サスペンションメンバーの大型サブフレーム化や軽量化のために、アルミ製の
アクスルハウジングを採用した。GT-Rの走りに耐える強度と性能を徹底的に追求
し、その結果は2WDにもフィードバックした。

　とくにそれまで未経験のドイツ・ニュルブルクリンクにおける異次元のテスト走
行で判った車休剛性を含むサスペンションの剛性向上と高速操縦性安定性のチュー
ニングは、クルマを開発する上で大変貴重な成果だった。

　ハンドルを切った感じがダイレクトにクルマに伝わり、クルマが即座に反応しド
ライバーに路面からのステアリング・インフォメーションが伝わってくるように、

●4輪ベンチレーテッド
ディスクブレーキ

フロントは対向4ピストン
キャリパー、リアは2ピスト
ンで放熱効果を高めるため穴
あき大径ベンチレーテッド
ディスクを採用した。

フロント　　　　　　　　　　リア

サスペンションの車体取り付け部の補強、アッパーリンク取り付けスパンの拡大、サードリンクの補強、サスペンション・ブッシュの見直し、スタビリティ指向のチューニングから操縦性指向のチューニングへ変更などである。

(2)ブレーキ

　GT-Rの卓越した走る、曲がる、止まる性能を実現するため、高性能なブレーキシステムが必要だった。フロントに対向4ピストン、リアに対向2ピストンの4輪アルミキャリパー対向ピストンブレーキを採用した。ブレーキローターはベンチレーテッド型で、フロントが$296\phi\times32t$、リアは$297\phi\times18t$と、当時としては16インチホイールに入る大きなキャパシティを採用した。

　GT-Rのアンチロック・ブレーキシステム(ABS)は電子制御4WDと総合制御するシステムとしており、テストドライバーがあらゆる路面で走り込み、ウエット路面はもとより、ドライ路面におけるスポーツ走行でも最高の性能が発揮出来るよう仕上げた。

(3)タイヤ&ホイール

　エンジンのハイパワーを確実に路面に伝え、卓越した操縦性安定性と乗り心地を確保するため、タイヤは225/50R16　92Vタイヤ、ホイールは16×8JJ鍛造アルミホイールを採用した。自動車メーカーが設定する市販車用の50タイヤが日本のタイヤ規格に制定されたばかりで、当時は16インチホイール

16インチアルミ鍛造ホイールと225/50-16タイヤ。

も珍しかった。

■ボディ

　GT-R用に新設するフロントフードとフ
ロントフェンダーは、ボディ剛性には寄
与しないので、重量軽減とフロント重量
配分を改善するためアルミ製とし、約
11kg軽量化した。アルミは材料の伸びが
鋼鈑より低いため、プレス成形が難し

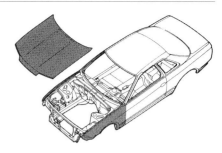

軽量化と重量配分を考慮してアルミ材を使用
したボディ。11kgの軽量化を可能とした。

かったが、材料の改良やプレス条件の研究で実用化できた。また、アルミと鉄が直
接接触すれば電位腐蝕が生じるため、非接触構造を採用した。

　GT-Rの卓越した走りは、ニュルブルクリンクサーキットにおける過酷な走行テス
トで王成されたが、ボディ剛性の重要性が確認され、高剛性と軽量化の両立に挑戦
することになった。

　最終的にGT-Rはエンジン、4WD駆動系、シャシー、ボディすべてにおいて「901」の
しっかりした走りを実現するために強度剛性対策を行った結果、車両重量が目標
1350kg(エアコンなし)に対して60kg未達となり、エアコン標準装着で1430kgとなった。

第7章 走りの追求とGT-Rのレース活動

7-1. R32GT-Rの開発とプロジェクト901活動

　プロジェクト901活動は、1990年代に日産車の総合的な走行性能に関して「世界の
トップレベルである」という客観的な評価を得ることを目的としており、研究・設
計・実験部門を中心に構成されている。純粋に技術的な要素の開発・熟成はもとよ
り、技術ノウハウの解析、さまざまな条件に合致する試験路の確保、国際的にも第
一級のテストドライバーの育成といった技術評価体制をも包括する総合的プロジェ
クトである。

■901活動の狙い

　日産はヨーロッパにおける高速操縦安定性の向上について、1981年頃からフェアレ
ディZを中心にした高速コンセプトカーによる高速走行時の直進安定性、車線変更、
コーナリング、緊急事故回避性能など、安心してドイツのアウトバーンを200km/h以
上で走れる足回りの研究開発に取り組んでいた。

　ヨーロッパにおいて世界トップクラスのシャシー性能であると評価されることが、
日産車のイメージアップに最も効果的であると考え、マルチリンク式リアサスペン
ションの開発に到達した。

　1986年8月にマルチリンク式フロントサスペンションの開発に目途をつけ"90年に
シャシー性能が世界一と評価されるクルマをつくろう"という「901活動」をシャシー
設計が提起した。シャシー設計・実験部主体の「901委員会」を中心に10月から具体的

にプロジェクト901（P901）活動を推進することになった。

その活動は、世界トップクラスといわれるターゲットとするクルマを選定し、それを超えるクルマを開発することである。そのために、評価するエクセレントドライバーの育成や、独善的でなく客観的な評価を得るための外部評価体制と成果の効果的な発表手法などが検討された。

対象とするクルマは国内向けR32スカイライン、北米向けZ32フェアレディ、ヨーロッパ向けP10プリメーラ、そして最高級車インフィニティだったが、活動は各車両プロジェクトごとに推進した。

R32スカイライン・プロジェクトが目指したクルマづくりとP901活動の目標は同じであり、R32プロジェクトの目標達成活動としてP901が重要な役割を果たすことになり、GT-Rを代表車種として、もっとも力が入った活動となった。

■R32プロジェクトの901連絡会及びターゲット車の選定

R32プロジェクトとして、1986年秋から開発部門の各メンバーによる901連絡会で具体的な901活動を立案・推進し、901評価会で達成状況を確認するやり方をとった。901活動の対象車種として、R32のメイン車種である2リッターGTS-t・タイプMと、頂点のGT-Rを選定した。とくにGT-Rは目指す目標が高く、P901を代表する車種として、シャシー（901C）から、エンジン（901E）、ボディ（901B）、駆動系（901D）へと活動が開発部門全体に広がった。

メルセデスベンツ190-2.3-16　　　　　アウディ・クワトロスポーツ

BMW M3（E30）

ポルシェ959

ポルシェ944ターボ

901活動でR32のター
ゲットに選ばれた。

全長×全幅×全高；4240×1735×1275mm　　最大トルク；35.6kgm/4000rpm
ホイールベース；2400mm　　　　　　　　　トランスミッション；トランスアクスル5速M／T
トレッドmm；前1485、後1475　　　　　　サスペンション；前ストラット／コイル　後セミト
車両重量；1400kg　　　　　　　　　　　　レーリング／コイル
駆動方式；FR　　　　　　　　　　　　　　ステアリング；ラック＆ピニオン
エンジン；水冷直4OHCターボ2478cc　　　ブレーキ　前後ともベンチレーテッドディスク
最高出力；250ps/6000rpm　　　　　　　　タイヤ；前225/50ZR16、後245/45ZR16

　1986年11月初めのGT-Rの基本構想や901ストーリーづくりをはじめ、901活動の目標を決めて仕様を検討し、日程を決めて901評価会で達成状況を確認する活動を展開した。

　商品開発室、設計部、実験部のR32プロジェクトメンバーが一体になって活動を推進したが、とくにシャシー設計の優秀なエンジニアの飯嶋嘉隆氏が事務局的な役で積極的に推進してくれた。R32はプロジェクトの核になるシャシーとエンジンをはじめ、各部門の有力なメンバーに恵まれたことも大きな成果につながったと思っている。

　1987年3月20日、R32プロジェクト901会議を行い、シャシー設計と実験が中心になって検討してきたR32の目指す走りを皆で議論した。速さ、限界の高さ、限界時のコントロールのしやすさ、確かなステアリング・インフォメーションでドライバーの意のままに操れることなどを目標に、シャシー実験部がセンターになって、エンジニアとテストドライバーがターゲットとするクルマを求めて、いろんなクルマに試乗して検討した。

　VWゴルフGTI、プジョー205GT16、アウディ・クワトロスポーツ、ベンツ190E-2.3・16バルブ、ポルシェ944ターボ、BMW・M3、ポルシェ959など、当時世界トップクラスといわれたスポーツカーを試乗し、R32の目指す走りを求めて評価検討した。

　私も雨の休日にテストコースでポルシェ959に試乗して300km/hを体験したが、とても一般路で意のままに操れる代物とは思えなかった。アウディ・クワトロの爆発的な加速と荒々しい走りはR32の目指す走りとは異なり、ベンツ190E-2.3はセダンライクでしなやかな足であるが、意のままに操る楽しさという点では不満であった。また、BMW・M3はキビキビした走りであるが上級車としての重みでいまいちの感

じがあり、最終的にターゲットに選んだのは、ポルシェ944ターボだった。

　ポルシェ944ターボは、しっくりくる操縦性と確かなステアリングインフォメーション、路面をしっかり捉えるフラットライドのサスペンションなどで優れており、運転する楽しさと奥の深さがある大人のスポーツカーである。我々はR32のメイン車種であるFR2リッターGTS-t・タイプMの走りの目標として、ジャンルは異なるが同じFRのポルシェ944ターボを選定し、トルクスプリット4WDのGT-Rはポルシェ944ターボの延長線上に目標を置いた。

■目標設定と達成活動

　P901活動を推進する若手シャシーエンジニアが走りのイメージをはっきりさせ、開発メンバーのベクトル合わせのため、走りのシチュエーションと試乗記をつくった。実験部は渡邉衡三主担を中心に、目標と達成のための具体的な方策について検討し、運転技量の優れたユーザーや自動車ジャーナリストが評価する項目をそれぞれのハードウエアに反映させることで、目標性能の方向性を開発メンバーに分かりやすくする手法をとった。

　たとえば、走りの性能で「芦ノ湖スカイラインや箱根ターンパイクでリズムに乗ってコーナーを攻めるのが楽しい」と評価されるには、走りの性能を最重点として、基本性能の高さと限界時のコントロール性が両立して、人とクルマの一体感を追求した意のままに操れる走り味がなければならない。そのためには、ドライビングポジション、各部の操作性、視界、加速性能やエンジン回転の伸び、高速直進性と操縦安定性、操舵応答性、ブレーキ、エンジン音などがどうあるべきかを個々の目標性能に落として、それを達成する活動を推進したのである。

　これも大変な作業で、ここでもエンジニアとテストドライバーの密接な連携と徹底的な走り込みによって、目標を着実に達成する地道な活動が成果につながった。世界一の走りを目指してトルクスプリット4WDやスーパー・ハイキャスなど最新の電子制御技術を採用したが、これらはあくまでも隠れた技術で、ドライバーにその存在を感じさせない、あくまでも自然な挙動を追求して細心のチューニングを行った。

栃木テストコース。周長6.54km、バンク設計速度190km/hの周回路とクロスカントリー路などでR32の開発を行った。

●ニュルブルクリンク・サーキット

ドイツ西北部アイフェル山地にあり、ニュルブルクリンクの古城（写真中央上方）と周辺の村落を周回する山岳コースで、高速コーナーやアップダウンの激しいコース。欧州の自動車メーカーやタイヤメーカーが開発テストに活用している。写真右上（左地図では南側）に約4kmのニューコースがあり、F1やGT選手権が行われ、オールドコースは約22.8kmである。箱根芦ノ湖スカイラインより厳しいコースを全力で走るようである。

　GT-Rは1987年暮から88年夏にかけて、社内のテストコースであらゆるテストを行い、ほぼ完璧に仕上げたつもりであった。最終仕上げと901活動の達成状況を確認するため、ポルシェのホームグラウンドであるドイツのニュルブルクリンク・サーキットとアウトバーンでテストすることにした。国内専用のスカイラインを何でドイツでテストするのかとの意見もあったが、901活動の主旨を説明し、テスト実施部隊である実験部の渡邉主担などの尽力で、ドイツでのテストが実現した。

1989年7月、ドイツにおけるP901テスト。ニュルブルクリンクサーキット、アウトバーン及び一般道路で901の達成状況の確認を実施した。モーゼル河沿いの一般道にて、筆者。

クルマを開発する上で、テストドライバーの役割は非常に大きい。テストドライバーは単にクルマを速く走らせるだけでなく、あらゆる走行状態のなかで、クルマからのインフォメーションを的確に感じ取り、狙った性能を実現するための評価能力が高くなければならないからである。R32の901活動ですばらしい働きをしてくれた2WD担当の松浦、4WD担当の加藤の両テストドライバーがニュルブルクリンクを体験したのは、さらに能力を高める良い機会であった。

1989年7月、ニュルブルクリンクを疾走するGT-R。この時点でP901の目標は達成された。

■ニュルブルクリンクでテスト

1988年10月、発表前だったので、フロントグリルやヘッドランプ、テールランプなどをS13シルビア用にしてドイツのニュルブルクリンク（ニュル）に持ち込みテストを行った。これまでも日産車でニュルを走ることはあったが、本格的に開発のテストをするのは、この回が初めてだった。

私はそのときのテストをビデオでみたり報告を聞き、その後自分でも確認したが、ニュルブルクリンクは一周約22.8kmでアップダウンが激しく200km/hを超える高速コーナーや、中速コーナーが連続しており、ジャンピングスポットやブラインド

1989年7月、ニュルブルクリンクにおけるテスト風景。GT-Rと2ドアタイプM。前年のテストに比べて大きな問題はほとんど解消し、最終的な仕様の設定と確認を行った。

1989年7月、ニュルブルクリンクにおけるテストでGT-Rの最終仕様の確認が行われた。

コーナーもあって、全力走行では一瞬たりとも気を抜けないコースであった。社内には、こんなテストをする場所もなかったし、市販車でそこまでやる必要性も考えていなかった。本場のヨーロッパ車はこんなところで開発しているのかと、改めて井の中の蛙だったことを思い知らされた。

最初のテストは10月10日、日産欧州技術センターのテストドライバーでニュルのコースを熟知しているベルギー人現役レーシングドライバーのショイスマンがテスト車のハンドルを握った。しかし、散々な結果だった。

我々がテストコースで入念に仕上げ、250km/hの連続走行で高速耐久性を確認して

1989年7月、ドイツにおけるP901テスト。ホテル前で記念撮影(ハット帽が筆者)。

きたクルマが、ニュルの過酷な走りで、1周もしないうちにオイルや水の温度が上昇し、長い高速コーナーで1.2Gを超える横Gが長時間持続するため、エンジンオイルが片寄って油圧低下を起こし、おまけにターボからオイル漏れが発生してしまった。その上、ロールが大きくアンダーステアが強く、ブレーキもプアーであるとの厳しい評価だった。

　さっそく近くに借りたピットもない小さなガレージで修理を始めなくてはならなかった。オイル漏れしたターボの取り外しや、交換するターボを約300km離れたベルギーのブリュッセルまで取りに行くなど、テストに参加したメンバーが作業を分担して取り組んだ。設備がろくにないなかでの作業は大変だった。

　オーバーヒート対策は、車体やバンパーに穴を開けたり、導風板を取り付けたりして、走行してからまた対策するなどを繰り返した。GT-Rニスモのフード先端に付けたフードトップモールは、このときの対策で生まれたものである。エンジンオイルの片寄りは、オイルパンのバッフルプレートを工夫して対策した。

　実際には、初めのうちは走っているより修理している時間のほうが長かったりして、ポルシェやBMWなどが何の問題もなくスイスイ走っているのがうらやましかった。1週間経って、ようやくまともに走れるようになった。厳しい条件下の高速耐久テストの重要性を、今さらながら痛感したのだった。

　しかしながら、今度はサスペンションへの入力が大きく、サスペンションの支持剛性を上げる必要性が生じた。サスペンションの車体取り付け部の補強やアッパーアームの取り付けスパンの拡大、サードリンクの補強などが必要だった。さらに、強力なエンジンによる高速コーナリングでアンダーステアが強く出るため、バネやショックアブソーバー、スタビライザー、サスペンションブッシュなどのサスペンションやトルクスプリット4WDを、安定性重視のチューニングから操縦性重視のチューニングに変える必要性があった。

　最終的なチューニングは、日本に帰ってすることにした。ニュルでトータル100ラップ以上走り、最終日のテストで8分30秒台のタイムが出た。ニュルにきてから、我々にとっては異次元の壁に苦しめられたが、苦労の甲斐があって、目標達成の目処が立ち、みんなでホッとするやら喜んだりするやらだった。

　テストドライバーをはじめエンジン、シャシー、駆動、車体などのP901メンバーが厳しい日程の中で一丸となって対策に取り組み、大変な努力のおかげでニュルを全力で走り目標達成の目処をつける貴重な体験とデータを得ることができた。1990年に世界一を目指して開発し、ポルシェ944ターボのニュルのベスト・ラップタイム

8分40秒を破る8分30秒を目標にして全員でチャレンジしたことが、多くの難関を突破し大きな成果につながったと思う。

なお、アウトバーンでは高速走行での燃費がヨーロッパ車に対して悪いこと以外は、とくに問題はなかった。日本では、法規上最高速が低いので、150km/h以上の高速燃費よりガソリンの気化熱でエンジンを冷却し高速耐久性を重視していたが、真に世界一になるには高速燃費を対策する必要があると強く感じた。

■ドイツで最終評価

1987年4月から節目ごとに901イベントを開催し、評価会で確認をしながら活動を進めてきた。その成果を確認するため、1989年7月に901評価会をドイツで行い、GT-RとタイプMをニュルブルクリンク・サーキットとアウトバーン、そして一般道路で最終確認を行った。

ニュルブルクリンクでのそれまでのオーバーヒートやエンジンの油圧低下、車両の剛性感のなさ、アンダーステア傾向などの問題点はほぼ解消し、ラップタイムも

1989年9月、ニュルブルクリンクにおけるジャーナリスト試乗会のスナップ。ニュルブルクリンクのラップタイム8分20秒11を達成。メンバー全員の笑顔と日の丸が輝いた。

8分28秒で目標は達成できた。ただし、アウトバーンにおける高速燃費が課題として残ったが、日本とは走行条件が異なるため、継続課題とすることでP901の目標は達成できたと判断し、GT-Rを1989年8月21日に日本で発売した。

■試乗会による評価

8月末に国内ジャーナリストなど専門家によるGT-R試乗会を菅生サーキットで行い、9月中旬ドイツでも試乗して評価してもらった。そのとき清水和夫氏がP901で掲げたニュルブルクリンクの目標ラップタイム8分30秒を大幅にクリアする8分20秒11の記録を出して、P901の成果を世界に発信することができた。

(1)P901の主なイベント

1987年4月901評価会、参考車試乗、進め方の調整
　　　　　7月サンプル車評価
　　　　　10月2WDの方向性確認
　　　　　12月R32モデル静的評価
1988年 1月2WD、GT-R評価
　　　　　2月4WD低 μ 路評価
　　　　　3月2WD評価
　　　　　5月GT-R評価
　　　　　8月GT-R評価
　　　　　10月ニュルブルクリンク・テスト
1989年 4月2WD評価、ニュル対策仕様確認、
　　　　　7月ニュルブルクリンク、アウトバーン、一般路のP901評価
　　　　　9月ニュルブルクリンクP901成果確認、8分20秒を達成
　　　　　12月R32のP901打ち上げ

(2)欧州ジャーナリストの評価

9月11〜14日に日本のジャーナリスト25名及びイギリスやドイツのジャーナリストによる試乗会をニュルブルクリンクとアウトバーンで実施した。その直後の9月18〜22日、欧州12カ国ジャーナリスト48名に対して、日産のテクニカル・プレゼンテーションとGT-Rによるアウトバーン試乗会を実施しP901の成果を披露した。そのときの主な評価は下記の通りである。

富士スピードウェイにおける
グル　プAレース車のシェイ
クダウンテスト。開発ドライ
バーは高橋健二氏で、1989
年6月1日に行われた。

全体評価

・期待していたものよりはるかに高いものだった。日産の実力を見直した。

・ファンタスティックと全員から高い評価を得た。

・P901で培われた日産の評価能力が欧州の評価レベルに達したことが確認できた。

主な意見

・エンジン；ハイパワーでありエンジン、シャシーはパーフェクト。ただし燃費が悪い。

・シャシー；安定性が素晴らしい。ハンドリングも良く、クルマの挙動が穏やかで今まで運転したクルマでは最高(イタリアの著名ジャーナリスト・バデッティ氏)。

・4WD；自然であり大変良い。今までの4WDではベスト(ポール・フレール氏)。

・スーパーハイキャス；クイックレーンチェンジでも安定していてギミックでないことを確認した(ポール・フレール氏)。

　以下に自動車雑誌などの試乗レポートのいくつかを抜粋する。

『日産のスーパークーペ、スカイラインGT-Rは日本のみで売られているクルマであるが、西独のユーザーにとっても一見の価値があるものである。日産のエンジニアは技術的な全てのアイデアをこのクルマに詰め込んだ。外見上はBMW・M3、シェラ・コスワース、メルセデス190と同じ部類に属する。しかし、GT-Rはエンジン技術上では西独のスポーツカーを凌駕している。2600cc、4バルブ、インタークーラー付きツインインターボの直列6気筒エンジンは、280psを出し、0〜100km/h加速は6秒、最高速度は250km/hに達する。操縦安定性を高めるために、ETSという独自の4WDシステムを用いている。これだけ技術がふんだんに取り入れられていると、かえって不安に思う向きがあるかもしれない。しかし、それは杞憂である。本誌のテストでは、市街地でも申し分のない走りを示した。ステアリングは正確であり、豊かなパワーが市街地で引き起こしがちな問題とは無縁だった。』(ドイツBild am Sonntag誌・89/10/15号)

『GT-Rは私がテストした最良のスポーツサルーンの一つである。これまでの経験に
もとづいて私は4WSというものに大変懐疑的だった。だが、日産のスーパーHICAS
をテストして以来、それが単なるギミック以上のものであり得ることがわかった。
それに、GT-Rの4WDシステムはメルセデスの4マチックに似ているが、横Gセンサー
を備えており、ハードコーナリング中、パワースライドする程の後輪スピンが起こ
らない限り、前輪への駆動力を完全にカットする…私がこれまでテストした4WDシ
ステムのベストであった。私はGT-Rが比較的軽量であることも歓迎する。動力性能
は抜群でありこれについていけるのは、有能なドライバーの911ターボしかない。高
速時の直進安定性は素晴らしく、カントリーロードでも4WD特有のアンダーステア
は出ない。乗り心地もリーズナブルな範囲にある。どれほど速いかは、日産の欧州
のテストドライバーであるディック・ショイスマンが占いニュルブルクリンク・
サーキットを8分28秒でラップしたと書けば十分だろう。これは、筆者が18ヵ月前
250psのポルシェ944ターボで走ったタイムより36秒も速いのである。』(ポール・フ
レール氏・カーグラフィック誌・1989年12月号)

(3)世界のジャーナリストが栃木テストコースで試乗

10月28日、東京モーターショーに来られた欧州、豪州、アジアなど50名を超える
ジャーナリストを招いて、栃木テストコースでGT-RとGTS-tタイプMに試乗しても
らった。ここでも非常に高い評価を受け、日産の若きエンジニアが中心になって推
進してきたP901は日産のイメージを高め、世界に誇れるスカイラインGT-Rが海外で
も認知され、大変大きな成果を上げることができた。

7-2. R32GT-Rのレース仕様車とその活動

■GT-Rニスモ

GT-Rは1989年8月に発売し、90年3月からレースに出られるよう1990年2月末までに
5000台とエボリューションモデルとしてGT-Rニスモを500台生産し、量産ツーリング
カーとしてFIA(国際自動車スポーツ連盟)の公認を取得することにした。

このGT Rニスモは、グループAレース用のベース車として開発したもので、
R31GTS-RのグループAレースのデータを参考に空力性能や冷却性能の向上、耐熱対
策を施し、レースで不要のエアコンやオーディオなどの装備を一部はずした。冷却
用の穴あきバンパーや空力パーツなどレギュレーションで交換できない外装パーツ

●ニスモ仕様GT-R

グループAレースのベース車としてメタルターボの採用や空力パーツを追加して空力特性と冷却性能を改善し、エアコン、ＡＢＳ等をはずして30kgの軽量化を行った。

を組み込み、レースでのメンテナンスを考慮してセラミックターボをメタル製T25ターボに、コンプレッサーもT04Bに変更、軽量化のためエアコン、ABSなどを取りはずして30kgの軽量化を行った。

　1988年6月頃計画を決定し、標準仕様車と性能差がなく外装パーツは後付け可能パーツとして販売すること、GT-R発売と同時にGT-Rニスモとして1990年3月に発売することを告知して、GT-R購入希望者を混乱させない配慮をした。R30でRSターボを短期間にバージョンアップして、ユーザーの信頼を損ねたことを忘れてはならな

オーストラリアにおけるテスト走行。オーストラリアでもGT-Rの人気が高く、オーストラリアツーリングカーレースでシリーズチャンピオンを獲得し、バサーストレースでも2年連続優勝という輝かしい戦績を残した。

いからである。GT-Rニスモは、1990年2月22日に限定500台を発売した。

■グループAレース仕様車

　グループAレース用車両の開発は、日産のスポーツ車両開発センターが行い、エンジンは日産工機に委託して開発した。1989年5月22日のR32発表の場でGT-Rと同時に、グループAレース車も展示した。6月から各サーキットでの走行テストを行い、本番仕様のレース車のチューニングはニスモで行った。エンジンの最終目標性能は600ps/7600rpm、最高回転数8500rpmとし、パワーウエイトレシオ2.1kg/psとした。

　レース車両の技術は年々進歩してラップタイムが短縮されるが、グループAツーリングカーは市販車ベースであるから、GT-Rに対抗するクルマを開発するには2年はかかる。したがって、ここまでやっておけばGT-Rがデビューして2年間は負けないだけ

グループA仕様は外観は市販車のままで、ホイール径は±2インチまで変更可であるが、ブレーキディスクは変更できない。サスペンションはアップライトと車体取付は変更できない。排気量2500cc以上の燃料タンクは120リッターまで許される。車体にドライバー保護のためロールケージを取り付けるが、ボディ剛性を高める機能を重視して車体に溶接されている。

グループAレース車の車内。専用メーターで、タコメーターは10500rpm、ブーストメーターは2.5kg/cm²で、9個のデジタルメーターを備えている。右下のダイヤルはブレーキの前後の効きを調整するバランスバーのダイヤルである（長谷見選手のユニシアジェックス車）。

全日本グループA・ツーリングカーレースで圧倒的な強さをみせる2台のR32GT-R。

のアドバンテージが得られるだろうと目論んでいた。

　私は社命により、1990年1月からオーテックジャパンに出向することになったため、私とともにR32プロジェクトを担当してきた商品本部の田口浩氏にスカイライン主管として業務を引き継ぎ、推進してもらうことにした。

■JTC（全日本ツーリングカー選手権）

　1990年3月18日、JTC第1戦が西日本サーキットで開催されR32GT-Rが2台出場した。星野／鈴木(利)組のカルソニック・スカイラインと長谷見／オロフソン組のリーボック・スカイラインが圧倒的なリードで、フォード・シェラRS500を寄せ付けず1-2フィニッシュした。私は当日オーテックの行事があったため、GT-Rの初陣を見守ることが出来ず気になっていたが、結果は翌日知った。期待通り完勝してくれて安堵した。ドライバーをはじめニスモ、日産ほか関係者の方々のお陰だと思っている。こ

1990年3月西日本サーキットでのデビューレースを走るR32GT-Rは優勝を飾る。

星野/鈴木組のカルソニックGT-Rと並んでレースで大活躍した長谷見/オロフソン組のリーボックGT-R。

のレースを通じてトランスミッションなどのウイークポイントも見つかり、対策してその後連戦連勝を重ねるようになった。

1990年11月11日のインターテックレースでも星野/鈴木(利)組カルソニック・スカイラインと長谷見/オロフソン組リーボック・スカイラインがK.ニーツピッツ/G.ハンスフォード組のフォード・シェラRS500を破り1-2フィニッシュして、1985年インターテックが開始されて以後初めて日本車が優勝し、GT-Rの開発目標を達成できた。しかも、1987年からインターテックで3連勝中のK.ニーツピッツのフォード・シェラRS500を2周遅れに抑えての優勝は価値あるものだった。

GT-Rは1990年に6戦全勝して、93年まで4年間29戦全勝の輝かしい戦績を残したのはご承知のとおりである。しかし、GT-Rに対抗するクルマが出て競い合うことを期待していたが、ライバルが登場せず、後半はワンメイクレースになった。そして、1994年からグループAツーリングカーレースがなくなったのは誠に残念であった。

1985年に始まった国際ツーリングカー耐久レース(インターテック)でR32GT-Rが1990年11月、日本車で初の優勝を飾った。強敵フォード・シェラRS500をくだして1-2フィニッシュだった。続く1991年インターテックではGT-Rが写真のように1〜3位を独占した。

１９９３年８月、筑波サーキットのパドックに並ぶR32GT-R。GT-Rのあまりの強さにコンペティターが出場せず、グループAレースのクラス1（2500cc以上）はGT-Rのワンメイクレースになっていた。

■N1耐久レース

　市販車に非常に限られた改造をした量産ツーリングカー（N1）カテゴリーで行われるレースで、1991年からN1耐久ラウンドシリーズが全国のサーキットを転戦して行われるようになった。このレースに出るユーザーのために、91年7月GT-Rニスモとほぼ同じ仕様のN1ベース仕様車を設定し、受注生産に応じることにした。

１９９３年１０月３０日の富士スピードウエイのレースがR32
スカイラインGT-R グループA仕様車のラストランとなった。

1991年スパ24時間耐久レースで栄えある総合優勝を飾る。海外のメディアやコンストラクターに多くの衝撃を与えた。世界制覇は夢だった。

世界の場で戦うGT-R（左）と、勝利を喜ぶ表彰台のメンバー（右）。

　ニスモ仕様との違いは、サイドシルスポイラーとリアサブスポイラーがなく、ブレーキローターや冷却導風板、オイルクーラーキットなどN1レースに対応した耐熱対策を強化したことである。

　1991年8月マイナーチェンジでドアにサイドビームを追加して、側面衝突安全対策を実施し、93年2月グループA3連覇記念車GT-R・Vスペックを追加した。このクルマからクラッチをプッシュ式からプル式に変更して、切れ向上と踏力軽減を図り、ブレーキ性能向上のため8J×17ホイールに225/50R17のタイヤ、ブレンボ・キャリパーのディスクブレーキを装着し、N1耐久の戦闘力を高めた。

　1994年2月にグループA4年連続優勝を記念して、Vスペックをベースに245/45ZR17

タイヤを採用したVスペックⅡを追加、たゆまざる進化を続けた。N1耐久レース結果は1991年6戦5勝、92年から94年は全戦全勝で、4年間で29戦28勝と圧勝しスカイラインGT-Rの強さを示した。

■GT-Rの主な戦績

R32GT-Rは1990年から94年までの5年間で、国内主要レースで通算62勝した。海外の主要耐久レースでも数回優勝してスカイラインGT-Rを全世界にアピールすることができた。

・90〜93年JTC・グループA29戦29勝
・91〜94年N1耐久29戦28勝
・93〜94年JGTC（GT選手権）8戦5勝

海外の主な戦績

・90／7スパ24時間耐久レースグループN優勝
・91／6ニュル24時間耐久レースグループN優勝
・91／8スパ24時間耐久レース総合優勝、グループN優勝
・91／10バサースト1000km総合優勝
・92／10バサースト1000km総合優勝

終わりに

　私はR32を発売して、マイナーチェンジ計画を立案した後、1990年1月からオーテックジャパンに出向した。後任は私とともにR32プロジェクトを担当してきた商品本部の田口浩氏である。その後、R32の実験主担だった渡邉衡三氏に引き継がれて、スカイラインは9代目R33、10代目R34へと進化を続けた。

■マイナーチェンジ

　マイナーチェンジの基本的考えは、変り映えのための大幅な変更はせず、小型上級車の上級移行に応じて2.5リッター車の追加と衝突安全の法規対策及び外観の小変更と不評点の解消とした。目玉はRB25DEに5速MTと電子制御5速ATを追加したことである。RB25DEは180ps/6000rpm、23kg-m/5200rpmで4ドア、2ドアそれぞれに設定した。4ドアは専用シートを採用した高級仕様のタイプXとスポーツタイプのタイプSと2タイプ用意した。ドアにサイドインパクトバーを取り付け、運転席エアバッグをオプション設定した。外観はフロントバンパーと4ドアのテールランプの小変更にとどめ、内装はシート生地、センターコンソールのシボなどを変更して1991年8月20日に発売した。

　R32GT-Rは91年7月N1仕様車、93年2月Vスペック、94年2月VスペックIIを設定してたゆまざる進化を続け、日本を代表する高性能車として世界でも認められるクルマとなった。そして94年まで国内で43661台販売され、ライフ販売計画1万台を大きくクリアするヒット商品になった。

■バブル経済崩壊で苦難の時代へ

　1991年から日本経済のバブル崩壊に伴って景気が急激に低迷してきて、自動車の需要はセダンから多人数乗車や多目的RV車へシフトしたため、とくにスポーツカーやスポーティセダンにとっては厳しい時代になってきた。スカイラインも例外でなく、RV車の市場投入が遅れた日産の業績も急激に悪化してきたため、その後の商品

●スカイラインR32GT-R・Vスペック

グループA3連覇記念車。17インチホイールを採用してブレーキを強化、クラッチ構造も変更してさらなる進化を続けた。

企画に大きな影響が出てきた。

　R32は車種を絞り、スポーツ性を強め、ターゲットも若者にシフトして新世代スカイラインとしてスタートしたが、ライフ後半はバブル崩壊の影響もあって販売が伸び悩んだ。総販売台数は31万1392台で、R30、R31と下がり続けたスカイラインの販売に一応の歯止めをかけることはできたが、目標のライフ平均販売台数8000台／月は達成出来なかった。また、4ドアと2ドアの比率がほぼ半々になり、4ドアの販売が伸びなかったのが心残りである。

　車両をコンパクトにして走りを前面に出したことと、16年振りに復活したGT-Rの影響で2ドアがイメージリーダーになり、予想以上に売れたことが要因だと思うが、私が目指した「上級コンパクト高性能・4ドアスポーツセダン」としての魅力付けと市場への訴求のやり方をもう少し工夫すべきだったと思っている。

　しかし、GT-Rを頂点にして、R32によって高性能スカイラインのイメージが復活し、901活動を通じて生まれたR32スカイラインの走りが日本のクルマのターゲットになり、モータースポーツなどクルマが好きな人たちの記憶に残るクルマになったといわれるのは誠に光栄である。

■オーテック・バージョン

　R32をベースにした改造車としてオーテックで企画し日産の協力を得て生産、販売した。4ドアのGTS4をベースにエンジンをGT-R用のRB26をNAに改造して搭載した。ミッションは電子制御4速オートマチックの電子制御トルクスプリット4WDで、4ドアで安全、快適そしてイージーに速く走れるクルマを目指した。エンジンはNA2.6

リッターでGT-R同様6連スロットルバルブにステンレス・タコ足エギゾーストマニフォールドを付けて220ps/6800rpm、最大トルク25.0kg-m/5200rpmを発揮した。ブレーキはGT-Rと同じ仕様で止まる性能も一段上を目指した。4ドア、RB26NAエンジン、ATM、トルクスプリット4WDで日産のR32の車種にないポジショニングのクルマであり、約200台生産された。

■車両開発をはなれて

　R32は、私が主管として企画から発売まで担当した唯一のクルマである。1985年秋から企画を始め、スカイラインの原点に戻り、第2世代のスカイラインとして再スタートすることにした。

　豊かな社会になって、一般では家やクルマは大きくて立派なものが望まれるなかで、走りに徹して車体を小さくし、車種を減らして若者にターゲットを絞るということは、量販車の商品企画では大変勇気が要るものだった。

　事前に市場調査で検証し、スカイラインだからこそ受け入れられるとの見通しを得てはいたが、3年後に発売し、4年間販売する商品の市場を確実に読むことは難しいし、狙いを絞ったので販売台数を増やせるか不安はあった。

1997年、日産開発祭で歴代スカイライン主管によるトークショーが行われた。現役社員に対して歴代のスカイラインの目指したところや苦労した点、今後期待する点などについて意見を交わした。消費税アップで景気冷えし、業績が低迷していた時期で、元気が出るよう活性化が必要だったが、99年からゴーンさんにお世話になることになったのだ。

●R32とその後のGT-Rの主要諸元

	全長×全幅×全高 (mm)	室内寸法（長×幅×高） (mm)	ホイールベース (mm)	トレッド（前/後） (mm)	最低地上高 (mm)	車両重量 (kg)	最小回転 半径(m)	10·15モード 燃費(km/L)
R32 GT-R	4545×1755×1340	1805×1400×1090	2615	1480/1480	135	1430	5.3	7.0
R33 GT-R	4675×1780×1360	1820×1415×1090	2720	1480/1490	145	1530	5.7	8.1
R34 GT-R	4600×1785×1360	1780×1400×1105	2665	1480/1490	145	1540	5.6	8.1

サスペンション：独立懸架マルチリンク式（前後とも）、ブレーキ：ベンチレーテッドディスク（前後とも）、ステアリング形式：ラック＆ピニオン式、エンジン：RB26DETT（280ps/6800rpm）、駆動方式：アテーサE-TSはいずれも共通。（エンジンの最大トルクはR32:36.0→R33:37.5→R34:40.0kgm/4400rpm）

2000年5月、三河湾スカイライン近辺で行われたスカイラインオーナーズクラブのイベントに参加した後、伊勢志摩方面を走った愛車とのひとコマ。雄大な自然の中にあるスカイラインには走りのスカイラインが最高だ。出会うスカイラインにもロマンがある。

しかし、スカイラインの長い歴史やR31の市場評価と販売状況からみても、スカイラインは焦点を絞って市場の期待に応え、市場をリードする商品づくりが重要と考えた。スカイラインは長い歴史と伝統があり、日本の多くの人達に「先進的、高性能で走りのクルマ」として定着しており、スカイラインに期待されるマーケットインのクルマづくりが必要だと考えたからである。

また、R32を開発するプロセスで「901活動」が大変有効だったと思っている。世界一という具体的な目標に向かってチャレンジしたため、安易な妥協で済ませることが出来なかった。R32プロジェクトの901活動を推進した当時の商品本部主坦の田口浩氏、実験主坦の渡邉衡三氏、シャシー設計課長菅裕保氏をはじめ、シャシー設計飯嶋嘉隆氏、シャシー実験川上慎吾氏、エンジン設計石田宜之氏、テストドライバー松浦和利氏（2WD）、加藤博義氏（4WD）ほか各部門の多くのR32プロジェクトメンバーが一体となって、全力で901活動にチャレンジした結果、R32＆GT-Rが出来た。また貴重な助言を戴いた岡崎宏司氏、米村太刀夫氏、清水和夫氏や多数の方々の支援を戴いたお陰で、スカイラインGT-Rが海外でも認知され、走りのターゲットとして他社から注目され、多くの人々の心に残るクルマが出来たと思っている。

また、R32GT-Rがレースで輝かしい戦績を残せたのも日産、ニスモ、日産工機ほか関係各社、レーシングチーム及びドライバーやメカニックの方々、関係者全員の努力と総合力のお陰である。

ここに、R32＆GT-Rをつくり、育てていただいた関係者全員の方々に御礼を申し上げるとともに、私の期待に応えてくれたR32スカイラインに感謝したい。"本当にありがとう。Forever SKYLINE"

【寄稿】 R32スカイライン開発について（渡邉衡三）

　小生がR32スカイライン開発に係ったのは確か昭和62年（1987年）初めの人事異動時に、それまでのN13パルサー・エクサ系担当実験主坦からスカイライン担当実験主坦へと担当車種変更を命じられた時からである。

　実験主坦の役割や機能を説明する前に、簡単に小生の入社以来のスカイライン並びに伊藤修令氏との係りを手短に説明しておこう。入社は昭和42年（1967年）4月1日で約3ヵ月の新人教育及び工場実習を経た後、希望通りプリンス事業部・第1車両技術部・第2車両設計課に配属となった。この課はスカイライン及びR380の車両設計を担当しており、櫻井眞一郎氏が課長代理の職位で技術面を仕切っておられ、伊藤氏はサスペンション係の主任、その部下として小生はスカイラインのフロント・サスペンションを担当することになった。PGC10（初代GT-R）スカイラインのレース用サスペンション一式の開発及びR382のフロント・サスペンション設計等を手掛けたが、C110スカイラインの基本計画が始まった昭和44年の暮れに、実験安全車（ESV）のプロジェクト・チームに異動となった。昭和48年に再び古巣の荻窪に戻ったが、この時点では開発体制は車種別から機能別の組織に変更されており、シャシー設計部・第3シャシー設計課の伊藤課長の配下として、サスペンション、ステアリング、タイヤ、ロードホイール及び工具を担当した。GC110スカイラインのマイナーチェンジで採用した回転数感応型パワーステアリング・ポンプの開発等を行ったが、昭和51年に中川良一専務（当時）直轄の企画担当部署とも言うべき開発業務部に異動となった。大衆車、小型車のFF化計画あるいはR30、R31スカイラインの基本役割の検討、昭和58年（1983年）年東京モーターショー展示車両CUE-Xの作成等を担当した後、昭和60年から第1車両実験部付パルサー・エクサ系担当実験主坦を務めることになった。

「実験主坦の役割」

　一言で言い表すと、"開発部門における担当車種（例えばR32スカイライン）の開発品質保証責任者"であり、コンセプトを具現化した商品を日程どおりに発表・発売し、お客様に滞りなくお届けする責任を担う役割である。

p.85に記載されている「新型モデル開発の流れ」に沿って具体的な業務内容を述べると……

- 商品主管が作成した狙いやコンセプトを設計作業に落とし込むための技術翻訳を行う。すなわちp.101に掲載されているレーダーチャートで表現し、商品主管の了承を得た後各軸の内容を担当するコンポーネント実験課と共同で目標品質（性能）表を作成して、具体的な設計作業に結びつける。

- 車型、仕向地、エンジン・トランスミッションの組み合わせ、新規開発ユニット等のバリエーションをベースに漏れの無い確認実験が実施出来る様に実験項目数を決める。また、

その実験を日程通り実施するための実車実験に必要かつ最少限の試験車台数を算定する。

- 完成した試作車をスケジュールに沿って実験課に配車し、実験の進捗を図る。各試作ロットの終了時点では、実験進捗及び目標品質達成状況の取りまとめを行い、主要な不具合が有ればその対策内容を取りまとめ、確認会議の場で次ロット移行可否判断を報告し、承認を受ける。
- 2次試作車の実験終了時点では開発行為が終了し、生産工程への移行が可能であることを報告し、品質保証部門の承認を受け生産部門に移管する。
- 生産試作車については生産部門の車両検査課と共同で、開発品質と同等であることを確認し、量産開始可であることの承認を受ける。
- 運輸省(現：国土交通省)による型式認定の公式試験を受験し、滞りなく決裁が下りる様に取り組む。
- 新車発表に伴う様々なイベントへの対応を行い、ジャーナリスト等による高い評価がお客様に伝えられ、結果として好調な販売につながる様に取り組む。
- 発表・発売後の新型車初期品質の確認を行う。

以上の様な内容をそれぞれの時点で、遅滞なく達成出来ている様にするための、必要な旗振りを行うことが求められていた。要するに、人事的には実験部所属ではあるが、一方では商品主管のハードウェアに関する片腕の様な存在であった。また、この様な役割を果たすための仕事のやり方について、業務分掌などで業務内容が規定されている訳ではなく、そのプロジェクトの、その時の課題をいかに効率的にクリアしていくかは任されており、結果責任を問われるのみであった。(p.76「新しい開発体制の組織図」参照)

「R32開発に役立ったこと」

基準となる2WDあるいはGT-Rの開発に関する業務を遂行する上で役に立ったと思われる知識・経験を時系列的に並べると以下のとおりである。

- N13パルサー・エクサ実験主担時の近郊寒地実験の際、特車部隊が同じ場所でラリー車開発のデータ収集のため、アウディ・クワトロ・スポーツ＋長谷見昌弘ドライバーの組み合わせで実験を行っていた。その助手席に座る機会があり、モータースポーツ用のホモロゲーション取得を目的として開発された車両がいかにスパルタンであるか、マシンとカーの違いを体感した。
- R31スカイラインの発表時北海道でマスコミ対象の大試乗会を開催したが、残念ながら良い評価ではなかった。開発の経緯をはじめ、試乗会の準備に至るまでの振り返り報告が担当実験主担から行われ、貴重な教訓となった。
- スカイライン担当実験主担となり、伊藤主管に挨拶に伺った際、R32スカイラインに賭け

る熱い思いと、R31スカイラインの立ち上がり時における動力性能不具合に関する経緯を伺い、開発プロセス上においての再発防止に関する留意点を強く記憶に留めた。

- R31スカイラインGTS-Rはp.80～p.83に記述されている様に急遽追加されたモデルで機能的にはエンジン変更のみであったため、保安防災の確認実験のみ実施し、その他の性能確認などは行わなかった。動力性能が向上したモデルなので、各実験課がそれぞれ官能評価の範囲内で試乗していたところ2点の不具合が発生した。高い発進Gによるトランスミッションのベアリング潤滑不良、及び高い横Gで長い時間旋回していた場合のエンジンの息つきで、高性能エンジン搭載により既存の設計基準で開発した部品やシステムが対応出来なくなるというアンバランスが生じていた。当然の話であるが、高性能車両開発と実験基準の見直しは、表裏一体であることを痛感させられた。

「R32開発時のポイント」

①R32開発にスカイラインの復活と日産のイメージアップという伊藤主管の熱い思いはp.98以降に記されているが、スカイライン担当プロジェクト達のメンバー間ではこのR32で「伊藤主管の汚名を返上する！」が共通認識であった。

②目標性能を表すレーダーチャート（p.101）上の走りの性能目標値5点を補足説明するものとして、シャシー設計の飯嶋嘉隆氏がどの様なシーン・シチュエーションで、どの様な車両挙動であるかを記した仮想試乗記があった。世田谷の自宅から首都高、中央道経由山中湖をとおり、東名に乗って自宅に戻る試乗コース走行時のイメージを記した内容であり、開発メンバー間の意思統一に大いに役立ったと思っている。

この仮想試乗記のベースとなるものが"R32スカイラインのシャシー開発（案）"という言わばシャシー開発に関する基本構想書であり、スカイライン以外のP（プロジェクト）901活動の成果を適用する他のクルマについてもそのメイン市場を舞台に作成されている。

また、我々はR32以降日産自動車の「走りの理念」として"意のままに操る走りの楽しさ"を掲げて来たが、それは我々の思いであり究極の目標でもある。

③上記P901活動はp.162にある様に開発部門内に広がりを見せたのは、それぞれの設計が切磋琢磨し合う好ましい連鎖反応であった。しかし一番大事なことはその成果をキチンとお客様に理解していただくことであり、そのためには車両全体が高いレベルでバランスしまとまっていることである。例えば極端な例としてp.123にサスペンション・テストベッドの写真が有るが、高度に訓練されたテスト・ドライバーならばこの様な試験装置でサスペンションの評価が出来るであろう。しかしながらお客様に買っていただいたクルマがガタピシする様な状態で、サスペンション性能は素晴らしいでしょうと訴求してもお客様に解っていただけるわけは無く、クルマ全体がまとまっていて初めてサスペンションの良さがお解りいただけるのである。かくして各P901の成果をお解りいただくためは、クルマ全

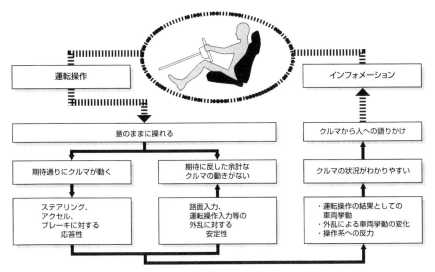

日産自動車の「走りの理念」

901　シャシー開発（案）

1.　シャシー開発のねらい

　　国内をリードカントリー というか、国内専用車といっていい スカイラインは、
その「スカイライン」という 名前の知名度は、国内では 圧倒的なものがある。
ひょっとすると「日産」より 知名度では 上かも知れない。

　　現在 国内に於て 顕著な 日産の技術イメージの低下、走りの性能イメージの
低下を押さえ、　国内での日産ブランドを 一番にするには、スカイラインの
圧倒的 知名度を 有効に利用することが、最も効果的と 考える。

　　スカイラインは、その生まれからして 速く走ることを 前提に 開発されて立て
いる。90年代の 高性能車として、　シャシーの 開発のねらいは、次の通り。
その背景、考え方は 次項で 述べる。

　　「国内に於る 日産の 技術イメージを 一番とするために、スポーツカー
に匹敵する高度な ハンドリング性能と それを具現化するための 高度な
ハードウエア スペックを 有する シャシーであること。　そして 1989年の 日本
カーオブザイヤー を 取ること。」

開発にあたり、当時まとめられた「901シャシー開発（案）」（一部抜粋）

187

体のまとまりが重要、すなわち"車両P901"活動そのものと思い、特に名前を付けた活動とはしなかったが車両実験課商品性評価グループの長倉靖二車担を中心にして、クルマ全体のまとまり感を重視するようにした。

④1次試作車が完成し評価したが、まずp.120に記載されているRB20DETエンジンはターボのレスポンス等非常にキレが良く出来ていた。エンジン設計者の意地を見せつけられた思いがしたが、一方R31スカイラインの立ち上がり時のトラブル再発防止策として、このエンジンを開発マスター・エンジンとして、2次試作車完成以降も立ち上がりまで保存しておくこととした。

もう1点はp.119に記されている4ドア車のセンターピラーが太かったことである。車両に乗車しようにも背中を思い切り反らせてAピラーとBピラー間の狭い中を横にくぐらせて乗り込む状況で、栃木に初号車が配車され大騒ぎになったが、小生は設計者が番線（基準線）を100ミリ間違えて設計したのだろうと思い込むほどであった。

⑤1次試作車のB20DETエンジン＋M/Tと言うパワートレーンの組み合わせに関して悩んだのが2速ギヤ比であった。加速の伸び感の良い1.902を結果として採用したが、決定する前には乗車人員等の積載条件次第では、登坂時に力不足感を露呈しないか確認する必要性を強く感じた。しかしながら当時は、未だ北海道のテストコースが出来ておらず、平坦な栃木のテストコースでは確認の取りようが無かった。しかし、いかにして問題が無い事を確認するか考え、この様な開発の初期段階で、前例も無いのにと懸念されたが自信を持って判断出来るような評価方法を強行して確認したのである。

「R32GT-R開発時のポイント」

①GT-Rのコンセプトと狙いについてp.141に伊藤主管の考えが4項目書いてあるが、これを読まれた読者はどの様なクルマを想像されるであろうか？　一括りにするとR32スカイラインのイメージ・リーダーカーであり、トヨタ・ソアラを陳腐化させつつグループAレースで勝てるクルマを求められているのである。小生は伊藤主管の考えを直接伺っており、目指すところは理解したつもりではいたが、開発部門内に展開する時に、担当者の受け取り方によってかなりイメージが発散する危険性を感じた。開発担当者のベクトルを揃えるため解り易く"R32GT-Rは、スカイラインのイメージ・リーダーカーであり、レースに勝つこと"を強調することにした。但し、伊藤主管には目標販売台数が達成出来る商品性を確保すること、すなわちレースのホモロゲーションモデルにはしないことを約束し、了解を得て展開した。

②これに対し思わぬところから横槍が入って来た。小生の上司である車両実験部長から実験部は工数が逼迫し、負荷の高止まり状態が続いているので改善する必要がある。レースで勝つことを目的とした高性能なクルマならば、レースのためのベース車として保安防災に

関する最少限の実験に留めて、工数を削減する様指示があった。しかしながらR31スカイラインGTS-Rの開発状況あるいはアウディ・クワトロ・スポーツの様な仕様ではとてもコンセプトを具現化出来るとは思えなかったので、縷々反論して通常の実験確認を実施することとした。

③コンセプトを具現化するため、2WDと同様に目標性能をレーダーチャートで表示したが2WDに対して大きく変わるのは言うまでも無く"走りの性能"であった。レーダーチャート上では3点がクラス平均で5点が最高であるので、GT-Rも当然5点にすべきと思ったが2WDも最高の5点を目標としている。GT-Rと2WDでは競合車が異なりクラス平均が異なるので、正しく理解していればGT-Rの5点と2WDの5点では、同じ5点でもその内容が違うことは解るであろう。しかしながら展開後にその違いについて各部署を回って説明しても、見かけ上同じ5点では混同するケースが生じるであろうと思い、レーダーチャートの最高値である5点を飛び越えた6点を強引に設定し、圧倒的な性能であることを表示した。

④GT-R開発に際し、最大の課題はいかにこの高性能車を開発するための工数を確保するかであった。小生も一時籍を置いた全車種のモデルチェンジ計画を検討する企画部署では、所有する限られた資源でいかに効果的にモデルチェンジを実施するか総合的に検討し、乗用車全体の商品化計画を立案する。但し、その内容が絵に描いた餅とならない様に個別のモデルチェンジ計画で、設定する車型数、搭載するエンジンとトランスミッションの組み合わせ、仕向地（輸出の有無）、プラットフォームの共用関係等を基準として開発に要する費用と工数を見積り、それを積み上げたものが全体として資源枠内に収まることを確認・調整している。ここからが本論であるが、GT-Rはp.96に書かれている様に開発宣言時点では設定が表明されておらず、このため開発工数はカウントされていなかったはずである。仮にされていたとしても車型追加の工数配分でしかなく、RB26DETTとETSの新ユニット採用を行いつつ、高い目標をクリアするGT-Rに対しては不十分で、工数確保の策を考えるのに苦悩した。まず、工数の削減要請が来るくらいの状況なので、援軍は期待出来ず自力で対処するしかないが、2WDとGT-Rの試作車が同時に来たら工数が分散され評価が疎かになり、結果として共倒れとなる危険性が大と思われた。悩んだ挙句、GT-Rを3ヵ月遅らせ、1次試作車は2WDに集中して取り組み、その不具合対策を織り込んだ2次試作車をベースにGT-Rの1次試作車を作る。これによりGT-RはGT-R専用のものに集中して評価すれば良い事となり、これしか解決策はないと判断し伊藤主管に3ヵ月遅らせて欲しいとお願いに上がったところ、即座に"同時だ"と語気を荒めて拒否された。最終的にはp.150に書かれているとおり、立ち上がりは3ヵ月遅らせるのは止むなし、但し発表は同時ということで了承いただいた。

⑤目標性能（レーダーチャート）から具体的な目標数値に落とし込む作業に関しては商品性実験課の中島繁治氏が品質機能展開を用いた手法を導入して、"コンセプト→目標の指標→

達成手段→狙いとする評価→代用特性と目標値"へと関係を整理し、目標値設定には大いに役立った。

⑥　実験主坦を拝命して以降、担当した車種は自分が買いたいと思うクルマに仕上げなければお客様に購入していただける訳はないと考え、その様に取り組んできた。このGT-Rも販価がいくらになるかは別として購入しようと考えていた。性能的には申し分ないのだが、気に入らなかったのがp.157に書かれている速度計とタコメーターの"0水平指針"であった。レッド・ゾーンが7,500r.p.m.のエンジンであり、運転中一番大事なレッド・ゾーンがメーターの時計の6時の位置では見にくく運転が楽しくならない。改善するように商品本部に提案しても2WDとの整合性、すなわちデザインの統一性の理由で門前払いされてしまった。業を煮やし、クルマ好きの、それなりの人たちを対象にアンケート調査を実施し、期待通りの結果を得て、再度出直しの提案だったが、修正されることになり、2時の辺りがレッド・ゾーンとなった次第である。

⑦　P901活動とは"1990年にはシャシー性能が世界一になっている"ことを目標とした活動である。何を持って「世界一」と言うのか？　この世界一の定義であるが、我々は当時運動性能の参考としたポルシェ944ターボが世界一過酷と言われているドイツのニュルブルクリンク・オールドコースを8分40秒くらいでラップしていた。これを上回るタイムで走行出来れば、「世界一」のレベルに達したと言うのか、肩を並べられたと言っても過言ではなかろう……と考えた。これを実現するため、ニュルブルクリンクで開発・評価を行い、結果として大幅に上回るタイムで走行出来るレベルに達することが出来たが、この開発中の苦労話は重なるのでここでは割愛する。ラップタイムとは異なる事象から、GT-Rのレベルがどの様に評価されたかをご紹介して結びとしたい。

　　一つは我々が初めてニュルブルクリンクにクルマを持ち込み走行開始した際、ここを開発の場としている車両メーカー、あるいはタイヤメーカーのテスト車両のドライバー達からは見たことも無いクルマがよたよた走っていると、無視されていたというのか進路を譲ってくれなかった。確かにコース半周で止まるところから始まったので、性能を過小評価されたのは致し方なかったが、やがて開発が進み実力を発揮し始める様になった時に、開発ドライバーの加藤博義氏から、彼らが"ウインカーを出して"進路を譲るようになったと報告があった。要するにプロにはプロの世界があり、この業界の誇りの高いプロにGT-Rの実力を認められた証拠であった。

　　もう一つは、ニュルブルクリンクでの開発実験を行うに当たり、大変お世話になったブリヂストンタイヤの評価ドライバーを務めていたジョン・ニールセン選手から乗せて欲しいと依頼があり、試乗して貰った。その後の彼のコメントは「Not so bad, MAN's car!（素晴らしい、男のクルマだ！）」と英国流の最大級の賛辞であった。

全長が20.8km、170を超えるコーナー、高低差が
300mあるニュルブルクリンクのコース

GT-Rのテスト車両（中央左が著者）

ニュルブルクリンクでの開発スタッフ
（右端が著者）

【創作】 GT-X試乗記（ニュルブルクリンクにて）

　GT-Xのイメージを、より理解してもらうため、このストーリーを作った。舞台もあえて海外を選んだ。日本だけでは、とてもこのクルマのポテンシャルを説明しきれない故である。

　これは、評論家X氏のGT-Xドイツ試乗記である。ときはGT-Xの発表間もない頃、日産広報よりクルマを借りうけた氏は、いさんで一路ニュルブルクリンクに向かった。以下はその本文である。

　西欧の街並でみる銀色のボディは、ノーマルのデザインに、軽いブリスターが加えられ、より精悍さを増している。メーカーの話では、Cdが0.3を下まわっているとのこと。

　朝、宿屋でうまいコーヒーに出合ったおかげで、気分は最高、うす曇りだが空気は澄んでいて、見通しもよい。まずは絶好のテストコンディションである。

　8号線から61号線とアウトバーンを北上しコブレンツへ向かう。走行ベースとしては、180～230km/hの間で中央車線をキープする。

　見かけないクルマが、やたら速い速度で常連のように走っていることへの好奇心といたずら心からだろうか、時折りBMW勢などのアタックを受ける。メルセデスの2.3-16やBMW・M3、M5などの強敵もあらわれたが、たいていは、20～30分のバトルで勝利をおさめることができた。文字通りアウトバーンを矢のように疾走する。

　セダンの形をして、220～230km/hでのアウトバーンをこれほどラクにこなすクルマはめずらしい。

　高速で多少重めになる操舵力と、ピレリP700に加え、リアの操舵コントロールがしっかりと路面をつかまえているのが、ハンドルの手応えで感じられ、高速スタビリティの高さを物語る。

　このところ元気の良い日産の自信作の足だけあって、姿勢はフラットで全く安定しており、特に直進安定性は抜群で、230km/h付近で走っていてもかなりリラックスした気分でハンドルが握れる。ドライバーの心理的余裕が大きく、いかなる速度領域でも全く安心して乗っていられる感じである。ボディリフトを極限まで抑えたエアロボディもずいぶん貢献している感じ。

　高速クルージングでは、6速ギアで約5600rpmのとき230km/hに達するが、この速度域でも風切り音を含め、不快な音がうまく消されている。

　バッファローレザー張りのバケットタイプのシートは、表面の当りも意外にソフトで、背中やヒップへの面圧分布も均一。サポート性も適当である。良く出来たシートは、ロングツーリングなどのドライブで、まちがいなく光る。

　コブレンツを過ぎてアウトバーンを降り東へ。ここからニュルブルクリンクま

ではしばらく峠道のドライブになる。フロントとリアのサスペンションに与えられたアンチダイブ・アンチスカット・ジオメトリーと硬めのバネセッティングが、ピッチング、ローリングのレベルを最小限に抑えているので、かなり強い横Gをかけてもロールはわずかである。グリップ力の限界もすこぶる高く、公道上では、よほど無茶をしないかぎり限界を超すことは難しい。

この区間に多い、ハードめのブレーキング、コーナリングでも、オンザレール的なトレースラインを描き、姿勢は高度に安定している。路面に吸いつくような「しなやかでしたたか」なフィールはすばらしい。

低回転から高回転まで、広い回転域を使う峠道では、24バルブターボの出力特性が良くわかる。

レースカーのベースとなるRB24DEツインターボエンジンは、レブカウントが8000rpm以上でレッドゾーンを示し、最高出力250ps/6800rpm、最大トルク30.0kg・m/4800rpmを誇る。特にターボゾーンの3000rpm以上でのパワフル感はすごい。このあたりを境目として加速力がぐんぐん、もり上がってくるのだ。

とにかく速い。タイトコーナーで充分に減速し、クリッピング・ポイントからアクセルを踏み込む。そのとたんに、マシンはあたかも狙った獲物におそいかかる鷹に変身する。エンジンの吹き上るめくるめくようなサウンドと共に強烈な加速Gが全身をおそい、スピードメーターと、レブカウンターが生きものように シンクロしながら上昇してゆく。歯切れの良いシフトを持つクロスレシオの6段ギアボックスは、手応

えも軽快でギアシフトが楽しく、2速、3速の独壇場である。

さっきのアウトバーンでも、このありあまるパワーが如何なく発揮された。

たまたま、100km/h付近まで減速し6速のままでも追い越し可能だったが、3速までシフトダウンをしてのアクセラレーションは目ざましく、スクランブルをかけたファントム戦闘機のように、一瞬のうちに200km/hの世界に突入させられたのである。

操縦性はやや弱アンダーを示すが、それでいてリアがブレークすることは滅多にない。タイトコーナーの連続する峠道で高回転をキープしながら、アクセルを踏み続けることが可能だ。

ハンドルは、小径の3本スポーク。ロック・ツー・ロックは3回転をすこしかける程度で切れ味はシャープである。総革張りのグリップ径は太目でちょうど良い感じである。

久しぶりのニュルブルクリンク。サーキット入口のゲートを通りコースに出て、1周12マルクのドライブを楽しんでいるクルマ達の仲間入りをする。

緑の野山の中にくり広げられた、周長21kmの長く美しいリンク。急な下りのセクションから、コースへのトライを開始。幅はせいぜい2車線で、結構なワインディングが右へ左へと続くうえに、アップダウンはきわめてきつくかなりの難コースである。路面もうねっていたり、コーナーの中で傾斜が変ったりで、慣れ

ないと予測が難しい。

気がつくと後ろの1台が猛然と追いあげて来ていた。実はまだ、旋回限界でどの様な挙動を示すのか、はっきり確認していない。内心ちょっと困ったなという感じがしたが、抜かせるのもしゃくだし、まして相手がBMW・M5らしいとあってはなおさらである。

ここで初めてGT-Xを極限状態で飛ばすことになったのである。

GT-Xの動きは、実に満足いくものであった。オーバースピードでコーナーへつっこんでいかない限り、早めにアクセルをフロアまで踏み込んでもリアがしっかりと路面をつかまえて、パワースライドが自由自在に行える。

コントロール性はきわめて高く、軽いカウンターとパワーコントロールでパニックにはならず、クルマは思ったとおりの方向をむいてくれるのである。

先ほどから感じているのだが、特にすばらしいのは、アクセル操作から挙動にいたるすべての動きがとてもシャープでありながら、同時にリニアリティも非常に高いという点だ。操舵の応答、ロールの仕方、HICASが持っていた不自然さも全く消えている。タックインもおだやかだ。いかなる路面状況に対しても、唐突な変化が起こらないセッティングになっている。

ステアリング特性は弱いアンダーステアという理想的な性質である。限界付近までこの弱アンダーが保たれ、その後リバース・ステアにうつる。それでいてテールアウトの姿勢をとるのに、特にナーバスさを感じさせないのである。

いつしかレースまがいのことをしているのを忘れてしまっていた。ホットに追い込んだその先のテールの流れは完全に「足が地についた」流れであり、許されればいくらでもトライしたいという欲望すらおこさせる。

ボディの剛性感も高く、フットワークのフィーリングは最高である。思うがままに振りまわせるとは、こういうことを言うのだろう。

アンチスキッドの効いたブレーキングは性能も圧倒的に優れ、特にコーナリングでの差が歴然としてくる。結局、直線でもパワーに勝るGT-XとBMWとの距離は開く一方、あらためてこのクルマのポテンシャルに舌をまく。

来年のツーリング・カーレースは面白くなるに違いない。

加速／制動、そして曲がること、基本的で最も大事なこの部分でGT-Xはドライバーのコントロールに忠実に応えてくれたのである。それも、驚くほどのポテンシャルの高さで。

パワーアシストは微妙で、多少重めながらも路面からのインフォメーションをしっかり伝えてくれるもので、まず最良といってよい。

バネやダンパーは、いく分硬めにセットされている。だが、フリクションが良く抑えられているため、足の動きは非常にしなやかな感触である。タップリしたブッシュ・ボリューム、フリクションの小さいダンパーとの上手なセッティング

が感じられる。

道路の少々の荒れ具合程度は、サスペンションがすんなり受けながしてしまう。つまり、乗り心地もいいのである。

騒音面についていえば、駆動／排気系のコモリ音のピークがよく抑えられており、振動感も悪くない。風の音もきれいに解決されていて、空力を含めたボディ設計技術の高さを感じさせる。

4000rpmを超えるあたりからの「クォーン」と澄み切った刺激的なサウンドに包みこまれながら、ハイアベレージでワインディングロードを抜けていく快感は忘れられない。

GT-Xはスポーティセダンとして充分なルームスペースとラゲッジスペースも持っている。

インテリアのデザイン／仕上げも注目に値する。仕上げの良さ、高品質を感じさせるところ、とくにシート、内装、ダッシュボードのまわりなどの処理は、その仕上げぶりといい、ハイレベルな質感といい、ベストの部類だろう。

キャビン内の印象は簡素で、きらびやかな装飾要素は殆どないが、手工芸品的な質感がシックな内装の上品さとあいまって、どちらかというとラテン系のクルマのような粋な雰囲気に近い。

それでいて、機能的に慎重にレイアウトされている操作系のスイッチや、レバーの手触り、感触の良さに、細やかな配慮のゆきとどいた設計思想が感じられる。ひとつひとつが人間工学を追求した形状を持ち、丁寧に仕上げられている。

ダイヤルをまわす指先の感じ、スイッチをON-OFFするときの感触など、まるで高級カメラのような、心にくい刺激なのである。

外観やアクセサリーで人目をひいたり、自己顕示をするタイプのクルマではない。

グループAのベースカーということで、10インチタイヤがはけるようブリスターがはり出すなど、ノーマルシリーズとのボディ外観は異なるものの、あたかもその強さを恥じるかのような、ひかえ目なデザイン処理には好感が持てる。

レブリミットまで一気に吹き上がり、またたく間に甘美なスピードの世界へと誘うエンジン、加えて、しなやかでしたたかなサスペンションとステアリング。

GT-Xは生真面目に、理詰めで作り上げられたクルマとは違う、人間の感性に確実に訴える何かを大切にしたクルマと言えるだろう。

どこか狼の持つ、危険な荒々しさを感じさせる魅力もある。

使い古された言葉だが、"羊の皮を被った狼"というフレーズがある。

「外観は何の変てつもない普通のセダン、だがその動力性能はスポーツカーまっ青」ということだ。自称"狼"をうたうクルマはこれまで何度もデビューしているが、なかなかピッタリのクルマにお目にかかることはできなかった。それに、今日、出会った。

サーキット走行を終えて、帰路につく頃から、空模様があやしくなって雨が降り出した。比較的広い溝を持つ225／VR16のピレリP700だが、うっかりラフなスロットルワークでもしようものなら、リアホイールがスピンニングをはじめそうになる。

　まさしく、上級車、プロ向けのクルマだ。こんなところにも、並の素姓でない狼を操る緊張感が現われる。

　ふと、日産の若いエンジニア達のくったくのない笑顔が目に浮かぶ。日本に帰ったら、早速、報告してやろう。

　「腕に自信のない人や、重めのクラッチを踏み続ける脚力のない人間には買ってもらわなくて結構……」
などと言いだしかねない連中だけれど。

　やはりクルマはスポーティでなければ面白くない。

——了——

　　　　参考文献
・「プリンス」荻窪の思い出　荻友会
・日産自動車開発の歴史　（上／下）　説の会
・自動車工学便覧　第1分冊　社団法人　自動車技術会
・『プリンス自動車の光芒』　桂木洋二　グランプリ出版
・『R32スカイラインGT-Rレース仕様車の技術開発』　石田宜之／山洞博司　グランプリ出版

[資料] 伊藤修令氏　日本自動車殿堂　殿堂入り紹介文

本書の著者、伊藤修令氏が2020年11月に特定非営利活動法人 日本自動車殿堂により日本自動車殿堂者として表彰されました。日本自動車殿堂は2000年の設立以来、「自動車産業界や学術界などから、豊かな自動車社会の構築とその発展に貢献された方、そして現在でも第一線で活躍されている方を対象として、その優れた業績を讃え顕彰し永く伝承すること」を目的として活動しているNPO法人です。以下の文章は、日本自動車殿堂による、伊藤氏の功績を紹介したもので、掲載許可を得て、ここに収録するものです。

グランプリ出版　編集部

■初代スカイラインに憧れプリンスに入社

伊藤修令氏（以下伊藤）は、広島県竹原市の農家の次男として昭和12年に生まれる。実家が精米所も営んでいた関係で水力タービンや石油発動機などもあり、機械のメカニズムに興味を持った。理系が得意だったこともあり、広島大学工学部に入学、機械工学科でエンジンを学び、卒業論文はディーゼルエンジンの燃焼解析をテーマに選んだ。

そして、大学時代、初代プリンススカイライン（ALSI）の洗練されたデザインと先進的な国産技術で志の高さに感動して富士精密工業の入社試験を受けた。

■櫻井のもとで足回り設計に従事

入社後シャシー設計課に配属され、サスペンション・グループの責任者だった櫻井眞一郎氏に出会う。新人研修では製図の練習を徹底的にやらされ、櫻井に初代スカイライン改良型のための試作エンジンマウントの設計を命じられる。

以降、櫻井のもとでスカイラインの足回りの設計・開発に一貫して携わることになった。また日本グランプリで活躍したレース車両の開発にも参加し、スカイライン（S54B）の設計にも従事している。1966年にプリンス自動車と日産自動車が合併し、スカイラインとブルーバードの部品を共通化することになり、足回りの共通設計を担当。そして小型大衆車のFF化の動き

が進む中で、プレーリー（M10）とマーチ（K10）の設計・開発にもかかわった。

■スカイライン開発主管として
　走りのスカイライン復活目指す

スカイラインの開発主管（責任者）に就いたのは1984年の暮れで、病に倒れた櫻井の跡を急遽継ぐことになった。7代目スカイライン（R31）の運輸省届け出の直前、開発の最終段階だった。スカイラインは代を重ねるごとに大きく豪華になり、1980年代に入り、販売台数も頭打ち、伸び悩みに直面していた。R31も同様で、ユーザーからはスカイラインの原点に戻ってほしい、との声が寄せられた。

その後伊藤はR31に続き8代目のスカイライン（R32）の主管を務めるにあたり、プロダクトマーケティング活動を実施して、市場の動向やユーザーの声をリサーチ。その結果なども踏

R32のラインオフ式で中川良一氏（左から2人目）、田中次郎氏（左端）、櫻井眞一郎氏（右端）らと。

まえながら、当初から念頭にあった「走りのスカイラインの復活」を前面に掲げ、ボディサイズとデザイン、エンジン、足回りなどあらゆる要素にこだわり、すべてを一新した。また、かつて日本グランプリで活躍した「GT-R」をR32に設定し、レース活動で他車を凌駕することを目指した。

■走行性能向上へ新技術導入

R32の開発にあたって、エクステリア・デザインでは歴代スカイライン伝統のサーフィンラインやリアの丸目4灯ランプにこだわりながら、走りをイメージできるコンパクトで引き締まった造形を目指した。同時にボディを軽量・高剛性とするため、高張力鋼板などの採用を積極的に進めた。足回りでは、すでに導入済みだったリヤマルチリンクサスペンションに加え、フロントマルチリンクを採用、新しい四輪駆動システム（アテーサETS）を研究部門とともに完成させ、採用した。エンジンは直列6気筒のRBエンジンのレスポンスを向上させるなど改良を進めた。さらにGT-Rの開発にあたっては2.6リッターターボのRB26DETTを新設計し、電子制御トルクスプリット4WDを組み合わせることで走行性能をさらに高めた。

■組織風土を変革、
　自由にものの言える現場組織に

R32スカイラインとGT-Rの開発目標として伊藤は、「走りのスカイラインを復活させる」という「明快なコンセプト」、ターゲットを絞るなど「選択と集中」、他車を凌駕するという「高い志と本物志向」、の3点を開発スタッフに強くアピールしたが、さらに開発現場においては「組織や職位を越えて本音のクルマづくりをしよう」、とも訴えた。当時、開発現場においては、エンジン、シャシー、デザインなど開発部門ごとの縦割り主義、技術員と技能員、管理職と現場などの間に垣根があった。

伊藤はこうしたものを取り払い、自由にものが言える雰囲気、他部門がデザインにも口出しできる、といった風通しの良い組織をつくった。時あたかも開発部門では「1990年までに足回りで世界一を目指そう」という901活動がシャシー設計部門で始まっており、伊藤はこれと呼応しながら、性能レベルと完成度の高い「走りのスカイライン」実現に奔走した。

■日本車で初めてニュルブルクリンクで
　開発テスト

GT-Rの熟成においては、日本車では初めて、ドイツのニュルブルクリンクで開発テストを実施した。エンジンの出力目標300馬力を達成し、これを受け止める足回りとしてアテーサETS（4輪駆動システム）を搭載していた。901活動の目標である市販車で「世界一」を証明できる目標タイムをクリアするべく、当初は不具合の連続だったが、現場でスタッフが一丸となって一つひとつ現地で解決し、半年後には目標タイムをクリアするに至った。

■進化を続け、日本を代表する高性能車の名声

こうした積み上げにより、R32スカイラインは市場で高く評価されるとともに、GT-Rは国内のツーリングカーレースで他車を圧倒し、連戦連勝を続けることで、スカイラインの名声を改めて高めることになった。さらにスカイラインとGT-Rはその後もR33、R34と進化を果たし、「日本のスポーツカー＝スカイライン」の名声が受け継がれてきた。

またGT-Rは「スカイライン」の冠こそ外されはしたが、世界トップクラスのスポーツカーとしてアメリカ、ヨーロッパで日本を代表する高性能車として認知されている。近年の日産GT-Rの源流ともいえるスカイライン復活の礎をつくったのがR32であり、開発責任者として組織をまとめ上げた伊藤の功績によるところが大きい。　　（日本自動車殿堂　研究・選考会議）

2020年12月、神奈川県座間市にある日産ヘリテージコレクション内で行なわれた、表彰状ならびにトロフィー授与の様子。賞状を手に持つ伊藤氏の後ろには、コレクション所蔵のR32スカイラインGT-Rが見える。

日本自動車殿堂者に授与されるトロフィー。透明なクリスタルの「石」で水晶をイメージしている。

表彰状。特別に注文された和紙「雁皮鳥の子」を使用している。トロフィーとともに、日本自動車殿堂理事 山本洋司氏によるデザイン。

プリンス＆スカイラインミュウジアム開所式で主催の岡谷市とスカイラインオーナーズクラブの関係者らとテープカット。

日本グランプリでスカイラインを連戦連勝に導いたファクトリーチーム監督の青地康雄氏（左）と。村山工場お別れ走行会にて。

〈著者紹介〉

伊藤修令（いとう・ながのり）

1937年広島県生まれ。1959年広島大学工学部機械工学科を卒業し、同年4月にプリンス自動車の前身である富士精密工業に入社。櫻井眞一郎の下でシャシー設計を担当。日産と合併後も歴代スカイラインの設計開発に携わる。1973年日産自動車第3シャシー設計課長。1981年からマーチやプレーリーの主管となる。1985年、櫻井眞一郎の後を受けて、R31スカイラインの主管。続いて8代目R32スカイラインを開発し、走りのスカイランを復活させると共に、16年ぶりにスカイラインGT-Rを復活、その生みの親となる。その後オーテック・ジャパンの常務取締役として、1999年まで日産車をベースとした特装車の開発に従事した。2020年日本自動車殿堂入り。現在、岡谷市にある「プリンス＆スカイラインミュージアム」の名誉館長。

走りの追求　R32スカイラインGT-Rの開発	
著　者	**伊藤修令**
発行者	山田国光
発行所	**株式会社グランプリ出版** 〒101-0051　東京都千代田区神田神保町1-32 電話 03-3295-0005㈹　FAX 03-3291-4418
印刷・製本	モリモト印刷株式会社